やさしくわかる!

文系のための
東大の先生が教える

すごい細胞

監修
小林武彦
東京大学教授

はじめに

生物は進化によってつくられました。およそ40億年前，生命の「種」はRNAのような簡単な化合物でできたデジタル情報でした。それが「進化」という奇跡を起こすプログラムにより，やがて細胞，つまり生物となりました。

進化のプログラムとは「変化と選択」の繰り返しです。変化は「多様なもの」ができること。生物の設計図である遺伝情報は柔軟で変化しやすくできています。選択は「たまたま」その環境で生き残りやすいものが生き残り，ほかは「死ぬ」ことです。**この「多様なものができては死んでいく」というプロブラムの繰り返しが，地球上のすべての生物をつくりだしたのです。**

進化には目的はありません。**常に変化する環境の中で，たまたまその環境にフィットしたものが生き残ります。**例えば，たまたま隕石が落ちて気候が激変し，恐竜が絶滅してくれたおかげで人類が進化できたのです。全て偶然の結果なのです。進化に目的はありませんが方向性はあります。進化における「変化」は，それまでの遺伝情報に「上書き」されておこるので「バージョンアップ」が基本です。そのため徐々に複雑になっていく傾向があります。

本書では，40億年間の進化により，細胞はこれほどまでに「多様で複雑」になったという驚きの結果をご紹介いたします。「えっ，どうやったらこんなに細かくて精巧なしくみが偶然つくれるの？」と目を疑うかもしれません。これらは長い時間をかけて繰り返された「変化と選択」の賜物なのです。そしてこのプログラムは現在もつづいています。今後，どう変化していくのかを想像するとワクワクします。

監修
東京大学定量生命科学研究所教授
小林武彦

目次

1時間目 これが細胞だ!

STEP 1
イントロダクション

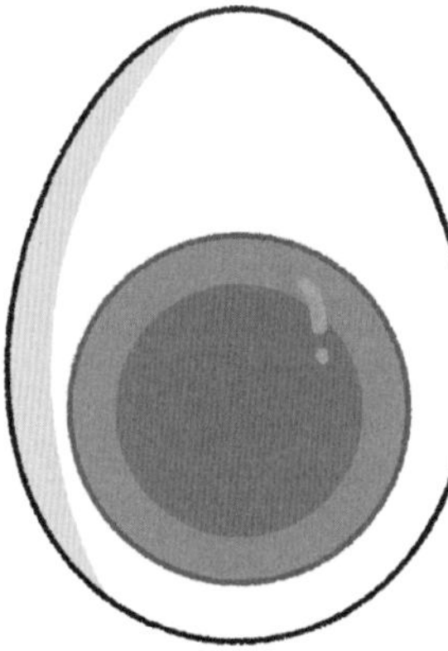

STEP 2

細胞の中を見てみよう

STEP 3

謎に包まれた地球上最初の細胞

2時間目 体をつくるたくさんの細胞

STEP 1

特殊なはたらきをもつ細胞たち

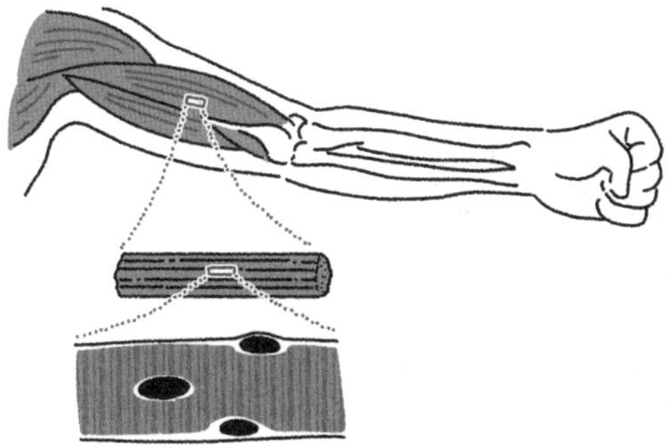

STEP 2

細胞は分裂して増える!

3時間目 細胞の老化と再生医療

STEP 1

細胞の老化や死が病気をもたらす

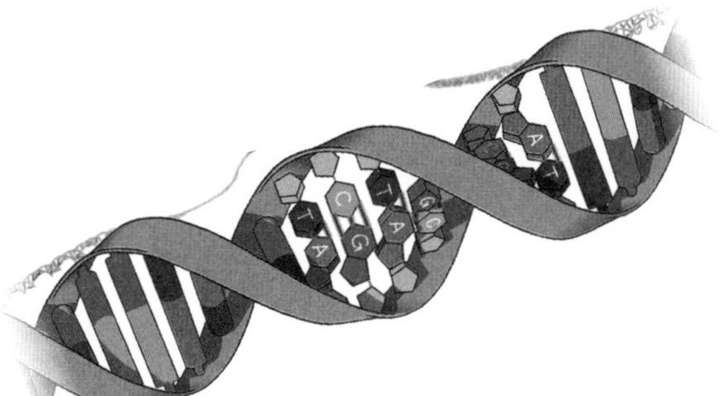

STEP 2

いろんな細胞に変身! ES細胞とiPS細胞

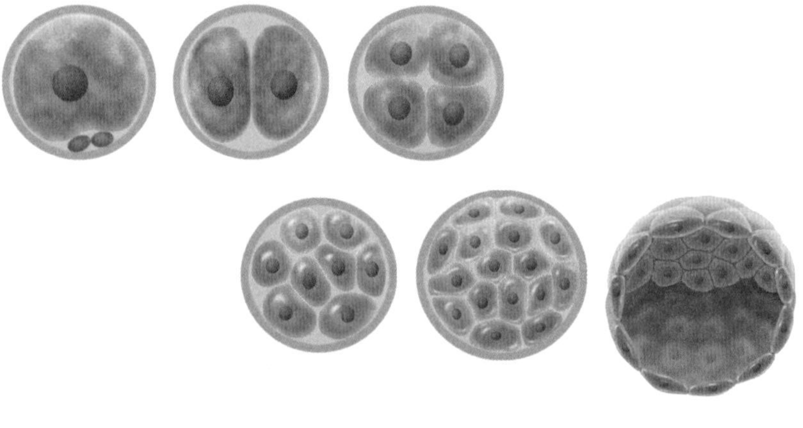

4時間目 人体に住み着くよそもの細胞

STEP 1

自分たちの細胞よりも数が多い常在菌

とうじょうじんぶつ

小林武彦先生

東京大学で分子生物学を
教えている先生

理系アレルギーの
文系サラリーマン（27歳）

1 時間目

これが細胞だ！

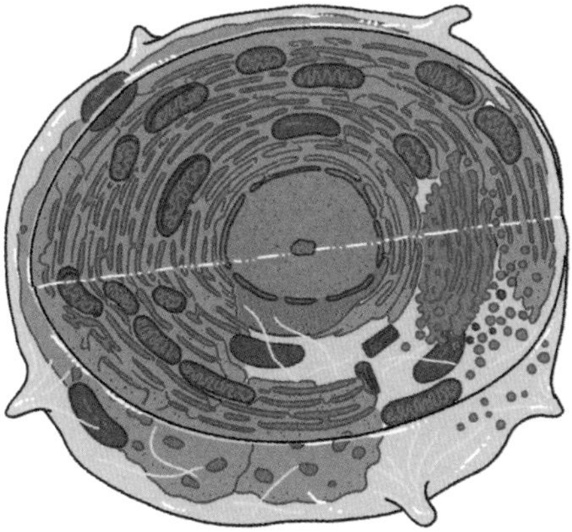

STEP 1

イントロダクション

私たち生物は，小さな「細胞」が集まってできています。細胞とはいったいどれくらいの大きさなのでしょう？　そしていったいどうやって発見されたのでしょう？

細胞はすべての生物の基本単位

先生，この前テレビで観たんですけど，私たちの体はものすごい数の細胞からできているそうですね。

ええ。
数え方にもよりますが，ヒト一人の細胞の数は，およそ**37兆個**にもなるといわれています。

そんなに⁉
数が大きすぎて，ぜんぜんイメージできません。

そうですねぇ，種類によって細胞の大きさはことなりますが，1個の細胞はおおよそ0.01ミリメートル程度です。
そのため，37兆個の細胞を1列に並べた場合，単純計算で**37万キロメートル**にもなります。
地球一周の長さがだいたい4万キロメートルですから，**地球を9周以上**する計算になりますね。

ひぇ〜!
細胞って，顕微鏡でしか見えない大きさですよね。それが地球を9周以上ってすごい!

数もすごいですが，私たちの体の中には，大きさや形，機能など，さまざまなタイプの細胞が存在するんですよ。

そうなんですか?　細胞って，丸の真ん中に球がポツン，みたいなイメージでしたけど。

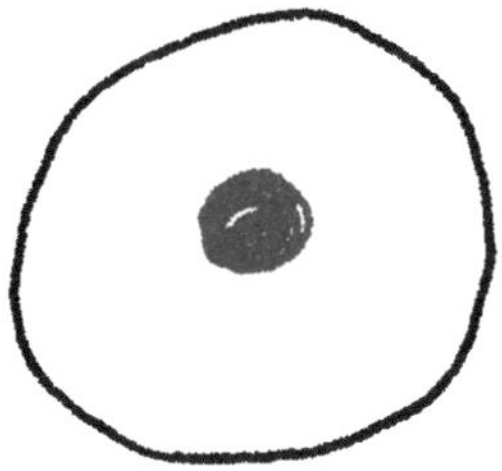

細胞といえば，一般的にはそのようなイメージかもしれませんね。
ヒトの細胞は，**膜**（細胞膜）でおおわれた構造の内部に，**遺伝情報**を保存した**核**という器官を共通してもっています。
上のイラストの中央の球は，この核をあらわしているのでしょう。

なるほど。まわりの丸が膜で，真ん中の丸が核ってことですね。

はい。
このように，核をもつ細胞を**真核細胞**といい，真核細胞からなる生物を**真核生物**といいます。

真核細胞！
私たち人間は，真核生物ってことですか？

その通りです。
これに対して明確な核をもたない細胞もあります。
これを**原核細胞**といいます。原核細胞は，核がないだけで，遺伝情報はもっています。原核細胞からなる生物を**原核生物**といいます。
地球上のあらゆる生物は，細胞が**基本単位**となっています。

ヒトやイヌ，サケにカエルにチューリップと，地球上にはいろんな生き物がいますけど，結局のところ，みんな細胞でできているわけですか……。

そうです。
今あげてもらった生物はみな，たくさんの細胞が集まって一つの個体をつくっています。このような生物を**多細胞生物**といいます。

大腸菌
哺乳類や鳥類の大腸に多い単細胞生物。

乳酸菌
単細胞生物。乳酸をつくる細菌の総称。

ミカヅキモ
水中で生活する単細胞生物。

リンパ球
多細胞生物を構成する白血球の一種。

好中球
多細胞生物を構成する白血球の一種。

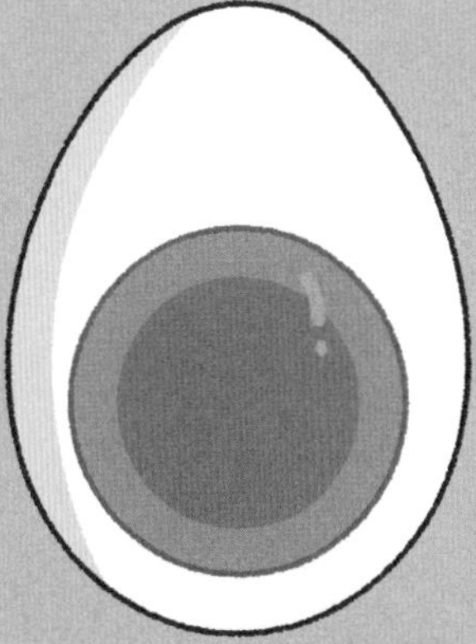

ダチョウの卵(未受精卵)
精子と出会っていない未受精卵の段階では,卵黄の部分が一つの細胞である。

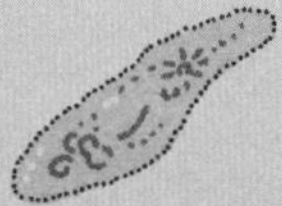

ゾウリムシ
水中で生活する単細胞生物。

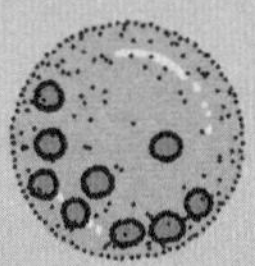

ボルボックス
単細胞生物のような性質をもった細胞が集団となり,群体として生きている藻類の一種。

線維芽細胞
多細胞生物を構成する皮膚の細胞の一種。

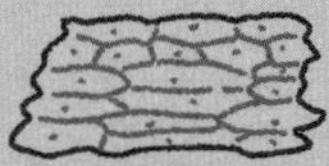

タマネギ(表皮細胞)
多細胞生物であるタマネギの表皮細胞。

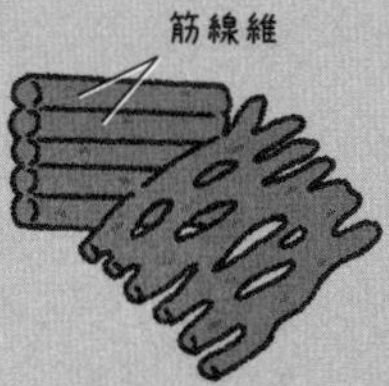

筋線維
多細胞生物の筋肉を構成する細胞。

アメーバ
水中や土壌中で生活する単細胞生物。

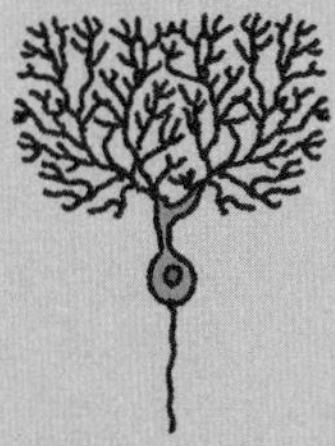

プルキンエ細胞
多細胞生物の脳の神経細胞の一種。

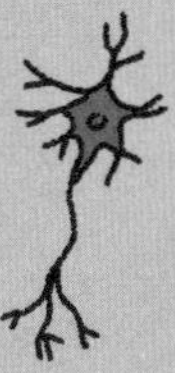

ニューロン
多細胞生物の脳の神経細胞。

赤血球
多細胞生物の血液の細胞の一種。

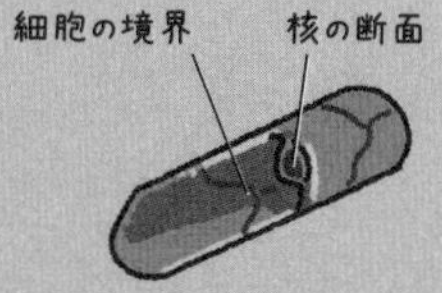

血管内皮細胞
多細胞生物の血管をつくる。

一方，細菌のように一つの細胞が一つの個体として生きている生物もいます。このような生物を**単細胞生物**といいます。

細菌も細胞でできてるんですね。
何だか急に親近感がわいてしまうな〜。

そうですね，細菌からヒトまで，地球上のどんな生き物も細胞でできているわけですね。
さて，先ほどものべましたが，ヒトの平均的な細胞の大きさは0.01ミリメートルほどです。これは顕微鏡でないと見えません。
しかし，中には肉眼でも見えるほど大きな細胞もあります。大きな細胞の筆頭は卵子です。卵子の大きさは**直径約0.14ミリメートル**ほどにもなるんですよ。

えっ！ **卵子って，細胞なんですか!?**

そうですよ。未授精の卵子は**生殖細胞**という立派な細胞です。
ちなみに，**ダチョウ**の未受精卵は，卵黄の部分が一つの細胞なのですが，これはヒトの卵子よりずーっと大きくて，**直径約10センチメートル**ほどにもなります！

でか！ ダチョウにはかなわないですね〜。
ちなみに，世界で一番小さな細胞は何ですか？

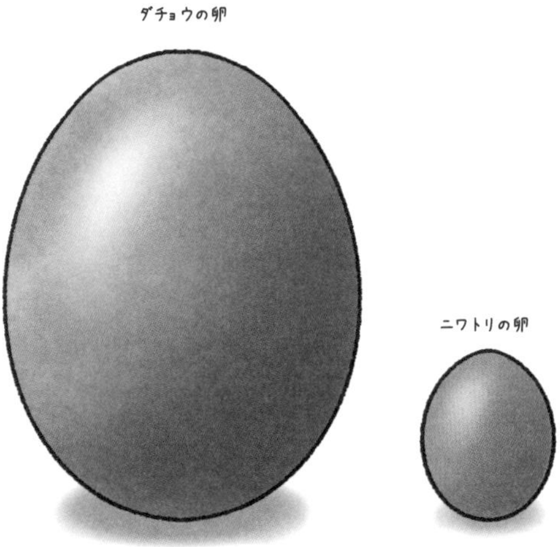

今のところこの世で最も小さな細胞は，**マイコプラズマ**という原始的な細菌で，その直径はわずか**0.00025ミリメートル**です。

これはまた小さいですね。一口に細胞といっても，いろいろあるんですねえ。
なんだか細胞についてもっと知りたくなってきました。
先生，細胞についてもっとくわしく教えてください！

いいですね！　では，細胞について学んでいきましょう。あらゆる生物の共通の単位である細胞の研究は，私たちの健康といった身近な問題から，生命とは何かという非常に深遠なテーマにもかかわってくるのです。

コルクの観察で細胞を発見

先生，卵の黄身は別として，ふつう細胞は小さすぎて目に見えませんよね？　そんな目に見えない細胞を，人類はどうやって発見したんでしょうか？

では最初に，細胞の発見の歴史を紹介しましょう。
人類が細胞と出合ったのは**17世紀**のことです。
イギリスの科学学会である**王立協会**で実験装置を管理する職についていたイギリスの科学者**ロバート・フック**（1635〜1703）は，倍率30倍ほどの**顕微鏡**を組み立てて，カビやノミといった生物や鉱物などを観察していました。
そして1665年に『**ミクログラフィア**』という本にまとめて出版しました。

顕微鏡で見たいろいろなミクロのものがたくさんのっているんですか。面白そうな本ですね。

この本の中で，フックは**コルク**の切片を観察したようすを報告しています。

コルク？　ワインとかの栓をするあのコルクですか？

そうです。そのスケッチには，コルクの断面に**無数の穴**が空いているようすがえがかれています。

フックによる細胞のスケッチのイメージ
左はコルクの枝を切断した断面のスケッチ，右はコルクの枝を縦に割った断面のスケッチです。
接眼レンズ
フックが使った顕微鏡
炎
油
光を集めるレンズ
対物レンズ
観察物

フックはこの穴を，ラテン語で「小部屋」を意味する「cellua」にちなんで，**cell**《セル》と名づけました。

表計算ソフトなんかで，マス目を「セル」っていいますよね。その，セルと名づけられた無数の穴って，何だったんですか？

コルクは植物の樹皮などからつくられます。フックが見た無数の穴は，その植物の細胞だったんです。
正確には，死んで中身がなくなった**細胞壁**とよばれるもので，**フックが名づけた「cell」という言葉は，その後，「細胞」の意味で使われるようになったのです。**

細胞を発見したのはフックだったわけですね！

ただしフックは，細胞がすべての生物に共通する基本単位であることには気づかなかったようです。

さすがにまだそこまでわからなかったのですか……。

はい。しかしフック以降，顕微鏡を使った生物の観察はどんどん盛んになりました。
その後，オランダの科学者，**アントニ・レーウェンフック**（1632～1723）は，倍率約200倍の単レンズ顕微鏡を製作し，細菌や藻類，赤血球などを観察して王立協会に報告しました。

すごい！
ここから細胞の研究はどんどん進んでいくことになるわけですか！

たしかに顕微鏡による生物の観察はさかんになりました。しかし，当時の技術では，顕微鏡の倍率を上げて，細部までわかるようなシャープな像を見ることはできませんでした。そのため，すべての生物が細胞でできている，という事実にたどりつくのは，しばらくあとのことです。

植物も動物も細胞が集まってできていた

19世紀に入ると，顕微鏡の性能が大幅に向上しました。それによって，より多くの生物を，よりくわしく観察することが可能になってきました。

おお，技術が進歩してきたんですね！

はい。イギリスの植物学者，ロバート・ブラウン（1773～1858）は，観察したどの細胞にも，その内部に不透明な点のようなものが1個ずつ存在することに気づき，1831年に発表しました。

それって，もしかして……，さっきいっていた「核」なんじゃないですか？

ロバート・ブラウン
（1773～1858）

その通りです！
ブラウンが見たのはまさしく「核」でした。そして，このような観察が積み重ねられていくことで，**細胞説**が誕生する下地がととのえられていったのです。

細胞説？

はい。**細胞説とは，あらゆる生物は細胞によってつくられているとする考えです。**
1838年，ドイツの**マティアス・シュライデン**（1804～1881）が植物について，1839年には**テオドール・シュワン**1810～1882）が動物についての研究をまとめ，**「すべての生物は細胞を基本単位としてできている」**と提唱したことからはじまりました。

マティアス・シュライデン
（1804～1881）
ドイツの植物学者。1938年に『植物発生論』を出版して，植物を構成する基本単位は細胞であると主張しました。

テオドール・シュワン
（1810～1882）
ドイツの生理学者。オタマジャクシの尾の脊椎部分を顕微鏡で観察するなどして，動物の体でも植物と同じように，その構成単位は細胞であると主張しました。

ついに，細胞がすべての生物の基本単位であることが明らかになってきたのですね！

ええ。ただしシュライデンとシュワンは，細胞の増え方については誤った認識をもっていました。
現在，細胞は分裂してふえていくことがわかっています。
しかし，**当時彼らは，細胞の中で核が成長し，この核が新たな細胞になると考えていたのです。**

なるほど，核が大きくなると考えていたんですね。

細胞のふえ方についてのこのまちがった認識はしばらくつづきましたが，1858年に**ルドルフ・フィルヒョー**（1821～1902）が，細胞は細胞分裂によって形成されると主張しました。

ルドルフ・フィルヒョー
（1821～1902）

細胞について，どんどん知識がふえていったのですね。

ええ。細胞を観察する技術が発達したことも，細胞の研究を進展させました。
たとえば細胞を顕微鏡で観察するとき，そのままでは半透明で見えにくいです。そこで，薬品をかけることで細胞に色をつけて見やすくする**染色技術**の開発が進みました。

これによって，細胞には，**細胞小器官**というさまざまな要素が詰めこまれていることが明らかになっていったのです。

さいぼうしょうきかん！

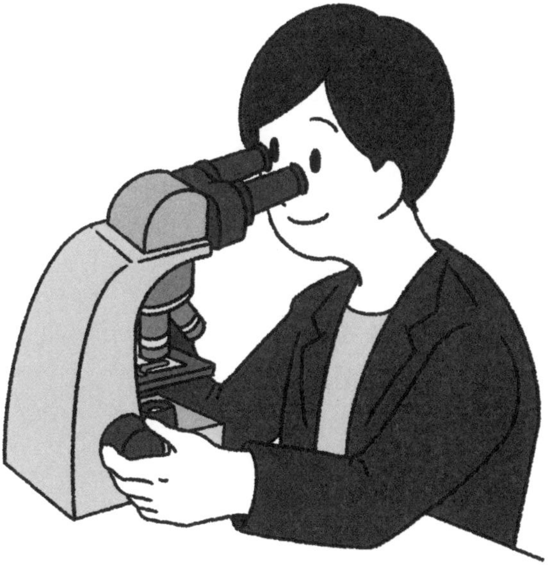

偉人伝❶

細胞を発見，ロバート・フック

細胞をはじめて顕微鏡で観察した人物が，イギリスの自然哲学者，物理学者であるロバート・フックです。フックは1635年7月28日，イギリスのワイト島で生まれました。機械などのしくみに興味を持つ，好奇心旺盛な子供だったといいます。

1658年，オックスフォード大学に入学し，のちに「ボイルの法則」を打ち立てたロバート・ボイルに見いだされ，彼の助手として雇われました。ここでフックは，ボイルの空気における実験の装置の製作やその操作，実際の実験を行い，これによってボイルから高く評価されます。そしてイギリスの学会である王立学会（ロイヤル・ソサエティ）の実験主任となり，のちにその会員になりました。

自作の顕微鏡で細胞を観察

フックは弾性体の伸びに関するフックの法則や，重力測定に振り子運動が利用できること，さらに光の干渉現象の研究などのさまざまな業績を残しています。

発想と実験の両方に優れた才能を持っていたフックは，このほかにも化石の研究や，建築技術，天体観測，数学など多岐にわたって実験や研究に取り組みました。

フックは顕微鏡を自分で製作して，それを用いていろいろなものを観測しました。その成果は1665年に出版された『ミクログラフィア』という本にまとめられました。その中でコルクが非常に小さな空間から構成されていることが記載されていました。フックはこの空間を，ラテン語で「小部屋」を意味する「cellua」にちなんで「cell（セル）」と名づけました（正確にはセルの正体は細胞壁でした）。ただし，フックは細胞を発見しようとしていたわけではなく，あくまで弾性体の研究のため，弾力のあるコルクを調べていただけだったといいます。

ニュートンと仲が悪かったフック

歳をとるに従い，フックは気むずかしくなり，相手に辛辣な言葉を投げかけることもしばしばだったといいます。こうした性格もあってか，のちにアイザック・ニュートンとの間で，長く激しい論争をつづけています。フックの肖像画は現在残されていませんが，一説によれば，これはニュートンが王立協会の会長になった際に，フックの肖像画をすべて破棄したためともされています。

1703年，フックは68歳で亡くなりました。彼自身は意識していなかったでしょうが，フックは「生物の最小単位は細胞である」という，のちの「細胞説」の先駆けとなる発見をしていたのです。

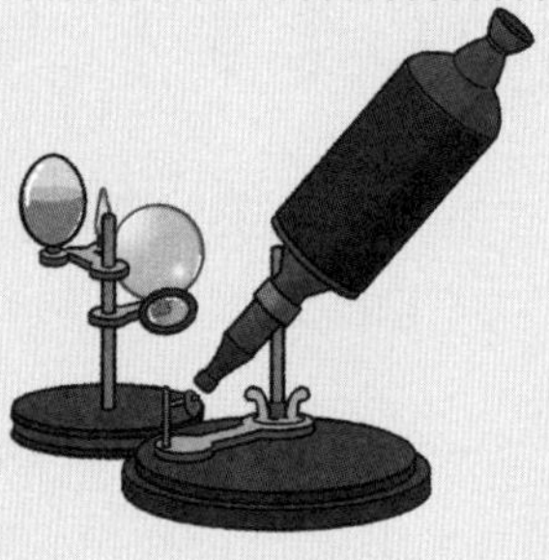

STEP 2

細胞の中を見てみよう

細胞の中には,「細胞小器官」というさまざまな“部品”が詰まっています。細胞小器官はとても小さいものの,生物が生きていくために不可欠な役割をになっています。

細胞にはたくさんの“部品”がある

先生,**細胞小器官**って何ですか?

細胞の中にある特徴的な構造物のことです。
ここからは,細胞の中の構造についてくわしく見ていきましょう。
細胞は,形や大きさはばらばらですが,共通の要素をもっています。34〜35ページのイラストは,さまざまな細胞,とくに動物の細胞に共通する要素を示したものです。あくまで説明のための模式図ですが,まずはこの細胞を出発点にして,細胞の全体像を見ていきましょう。

お願いします! ワクワク。

まず,すべての細胞は**細胞膜**(1)によって包まれていて,その中に細胞を構成するあらゆる要素が入っています。

STEP1でもお話がありましたね。細胞の内側と外側をへだてる膜が細胞膜ですね。

そうです。
細胞膜の内部は，**水**やそのほかのさまざまな物質で満たされています。
中でも重要なのは，長い鎖状の分子である**DNA**（デオキシリボ核酸）です。
DNAは，細胞にとって必要な，さまざまなタンパク質をつくりだすための**設計図**といえるもので，生命の遺伝情報をになっています。
先ほどお話ししたように，**細胞膜とDNAは，すべての生物の細胞に共通する基本的な要素です。**

DNA ！

私たちのような真核生物の細胞の中では，DNAは**核膜**という膜で包まれています。
核膜は，厚みが約8ナノメートル（1ナノ＝10億分の1ミリメートル）の膜が2枚重なった構造になっていて，この核膜に包まれた領域を**細胞核**（2）といいます。単に**核**ということもあります。

う，薄い……。現在の顕微鏡の性能はすごいんですね。

すごいでしょう。
さらに核膜には**核膜孔**という小さな穴がたくさん空いていて，この穴を通して核の内外をさまざまな物質が出入りしています。

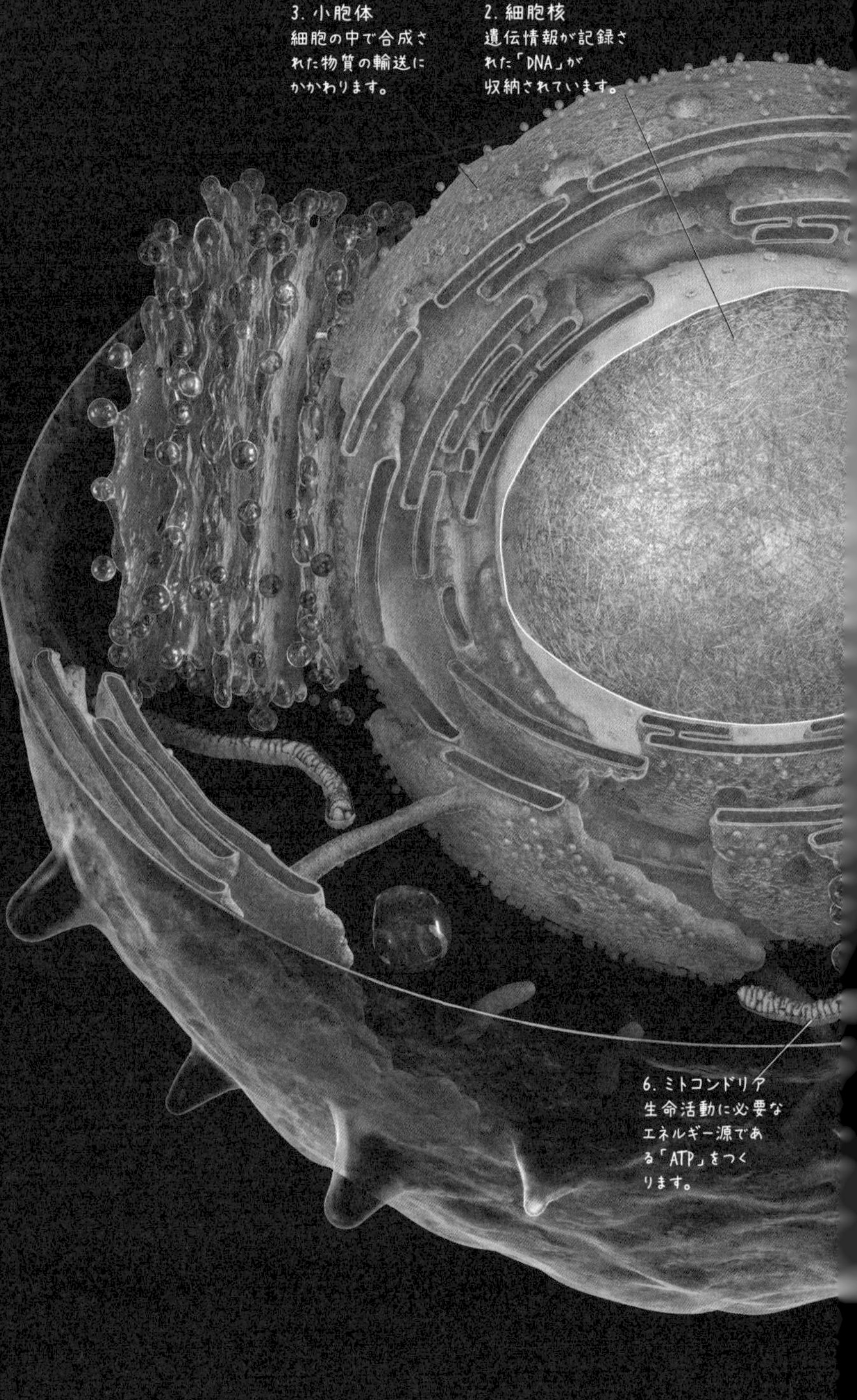
3. 小胞体
細胞の中で合成された物質の輸送にかかわります。
2. 細胞核
遺伝情報が記録された「DNA」が収納されています。
6. ミトコンドリア
生命活動に必要なエネルギー源である「ATP」をつくります。

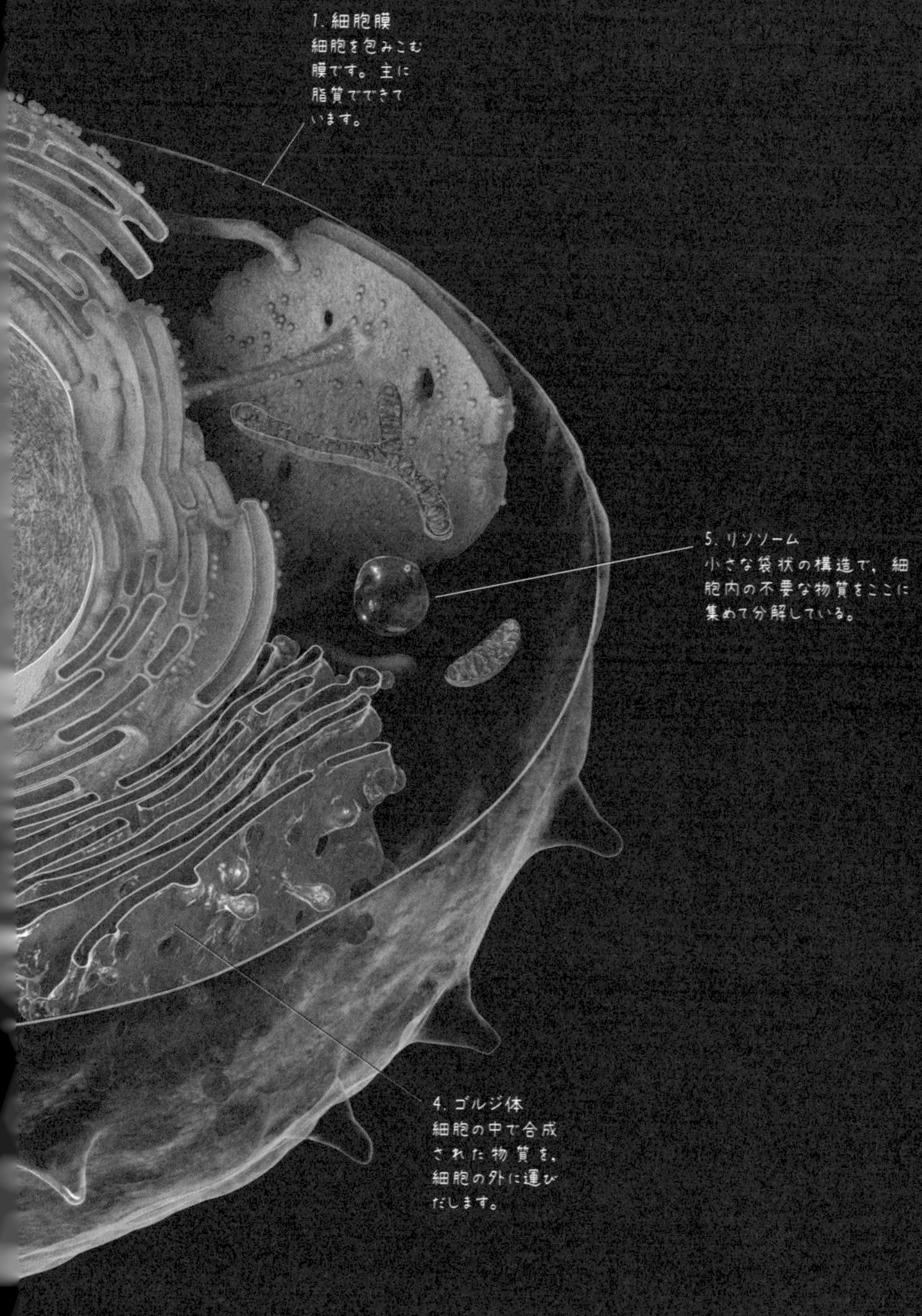
1. 細胞膜
細胞を包みこむ膜です。主に脂質でできています。
5. リソソーム
小さな袋状の構造で，細胞内の不要な物質をここに集めて分解している。
4. ゴルジ体
細胞の中で合成された物質を，細胞の外に運びだします。

さて今度は，細胞膜の中の，細胞核以外の領域を見てみましょう。ここには，細胞核以外のさまざまな“部品”があります。
細胞核をおおうように層状に広がっているのが**小胞体**(3)です。小胞体のさらに外側には**ゴルジ体**(4)，小さな袋状の**リソソーム**(5)，粒状や糸状に見える**ミトコンドリア**(6)などがあります。そして，核も含め，これらをまとめて，**細胞小器官**とよぶのです。

細胞は，細胞膜と細胞小器官で成り立っているわけですか。

そうですね。
これらの器官がそれぞれ高度な役割をにない，連携を取り合って生物の生命活動を維持しているんです。
なお，細胞膜の中の，細胞核を除く領域を**細胞質**といいます。
つまり，細胞小器官のうち，細胞核以外は細胞質の一部というわけです。

細胞膜と核膜との間のスペースってことですね。

はい。さらに細胞質のうち，細胞小器官を除いた部分を**サイトゾル(細胞質基質)**といいます。

え？　細胞小器官以外というと，細胞膜の中の水だけってことですか……？

そうです。見た目は水ですが，細胞膜の中の水にはさまざまなタンパク質やアミノ酸，ブドウ糖，各種のイオンなどの物質が溶け込んでおり，それ全体をサイトゾルというのです。

ポイント！

細胞の基本構造

- 細胞質
  細胞膜の中の，細胞核を除く部分
- サイトゾル（細胞質基質）
  細胞質の中の，細胞小器官を除く部分

サイトゾルはただの水ではないわけですね。

はい。
さて，ここまで動物細胞を見てきました。同じ真核生物でも，植物の細胞は少しちがいます。
多くの細胞小器官は共通しているものの，植物の細胞にはさらに，光合成を行う**葉緑体**や，植物の体を支える役割を果たす**細胞壁**などが加わるのです。
植物細胞については，またのちほどお話ししましょう。

また，ここまでは，私たちの体をつくっている真核細胞の話でしたが，ハッキリとした核をもたない**原核細胞**（細菌などをつくっている）は，DNAが核膜に包まれておらず，細胞小器官も存在しません。

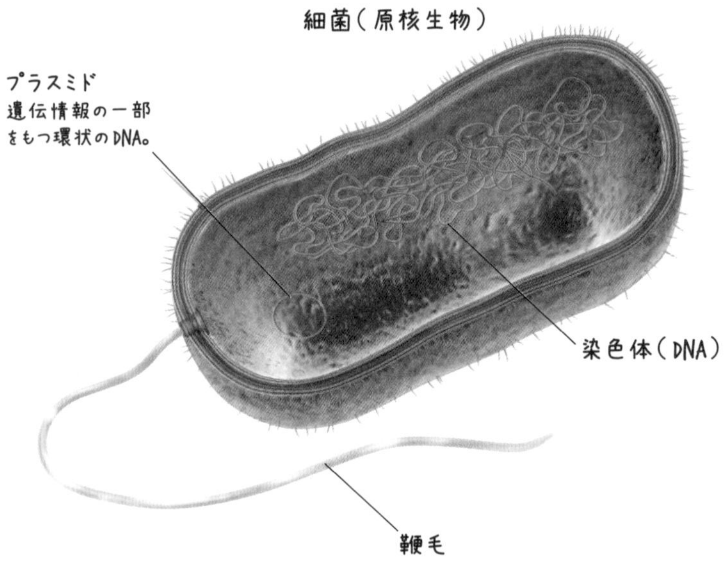

そもそも私たちの細胞の中の細胞小器官って何のためにあるんですか？

私たちは，食べ物を消化する胃や，栄養を吸収する小腸，血液を循環させる心臓など，いろいろな内臓器官によって生きていますよね。
それと同じで，細胞も，生きていくために細胞小器官のはたらきを使っているのです。
これから，細胞のしくみを見ながら，細胞小器官のはたらきを紹介していきましょう。

お願いします！

「核」には2メートルのDNAがつまっている

それではまず初めに**核**から見ていきましょう。
核の中には長い鎖状のDNAがあり，DNAに書き込まれた遺伝情報によって，生命活動がいとなまれています。

長い鎖状ですか……。DNA分子はどれくらいの長さがあるんですか？

ヒトの場合，DNAは一つの細胞に**46本**あり，これらをすべてつなぎ合わせると，その長さは**2メートル**になります。

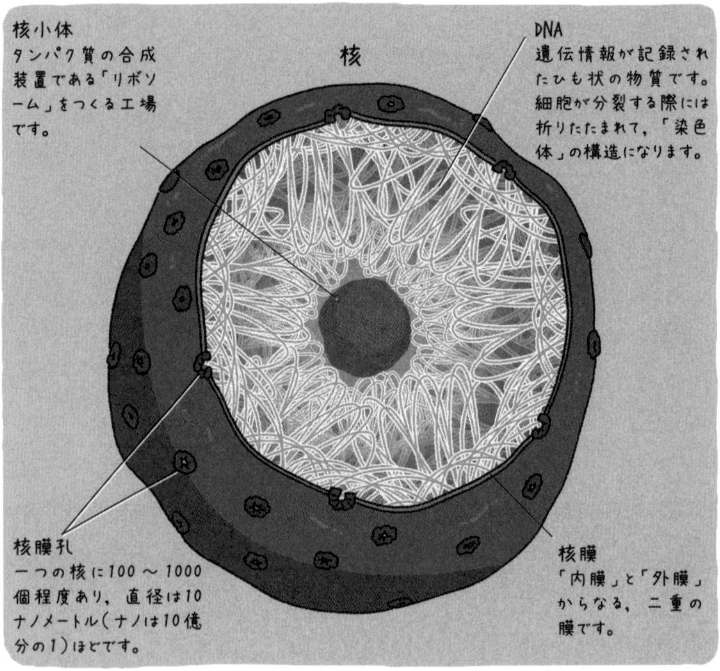

小さな細胞の中に，2メートルもの長さのものがおさまっているんですか!?

そうですよ。
大人一人の体にはおよそ**37兆個**の細胞があるといわれています。
ですから，**大人一人の体に含まれるDNAをすべてつなげると，740億キロメートルにもなります。**
これは**太陽から地球までの距離1億5000万キロメートルのおよそ500倍**という，とてつもない長さです。

どっひゃ～！
そんな天文学的な長さのものが私の体の中にあるなんて，信じられません！
DNAは細胞の中でもつれないんですか？

不思議なことに，DNAどうしがもつれることはありません。また，細胞分裂の際には正確に1本のDNAが2本に複製されるのですから，まさにおどろきですよね。
DNAがどのように細胞核の中に収納されているのかはまだ未解明な部分もあるのですが，DNAは**ヒストン**というタンパク質に巻きつけられています。
DNAがヒストンをおよそ2周すると次のヒストンに2周巻きつけられ，さらに次のヒストンへと巻きつけがつづいていく，という具合です。

ヒストンが，糸巻の軸みたいな役割をしているわけですね。

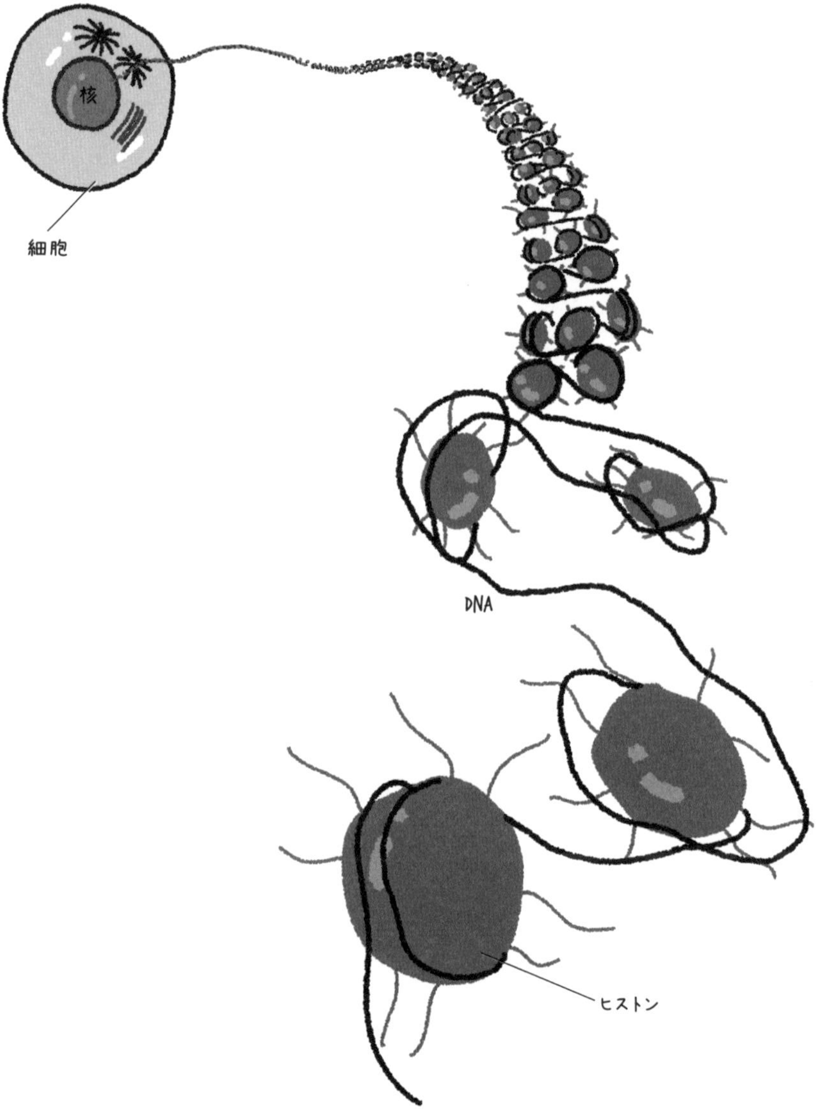
核
細胞
DNA
ヒストン

そうです。
DNAは，細胞の中でとても重要な物質ですから，もう少しくわしく見ていきましょう。
DNAは2本の鎖状の分子がペアとなり，いっしょにねじれて，らせん構造をとっています（次のページのイラスト）。

うわ，複雑ですね……。
どうやって2本の鎖がペアになっているんですか？

DNAには，塩基という構造がずらーっと並んでいます。
塩基には，アデニン（A），グアニン（G），シトシン（C），チミン（T）の4種類があります。**この4種類の塩基は，いわば4種類の文字のようなものです。この4種類の塩基の配列によって，私たち生物の“設計図”すなわち遺伝情報が保存されています。**
そして，このDNA鎖上の塩基は，向かい合うもう一方のDNA鎖の塩基と結合する性質があります。

ふむふむ。

このとき，**アデニンはチミンと，グアニンはシトシンとだけ結合します。**この対応関係は，またのちほど登場するので，頭にとどめておいてください。グアニン（G）とシトシン（C）は「巨人ー広島」と覚えたらいいかもしれません。
このように，2本の鎖の内側で塩基どうしが結びつくことで，2本のDNA鎖がペアになっているのです。

核
ヒストン
DNA

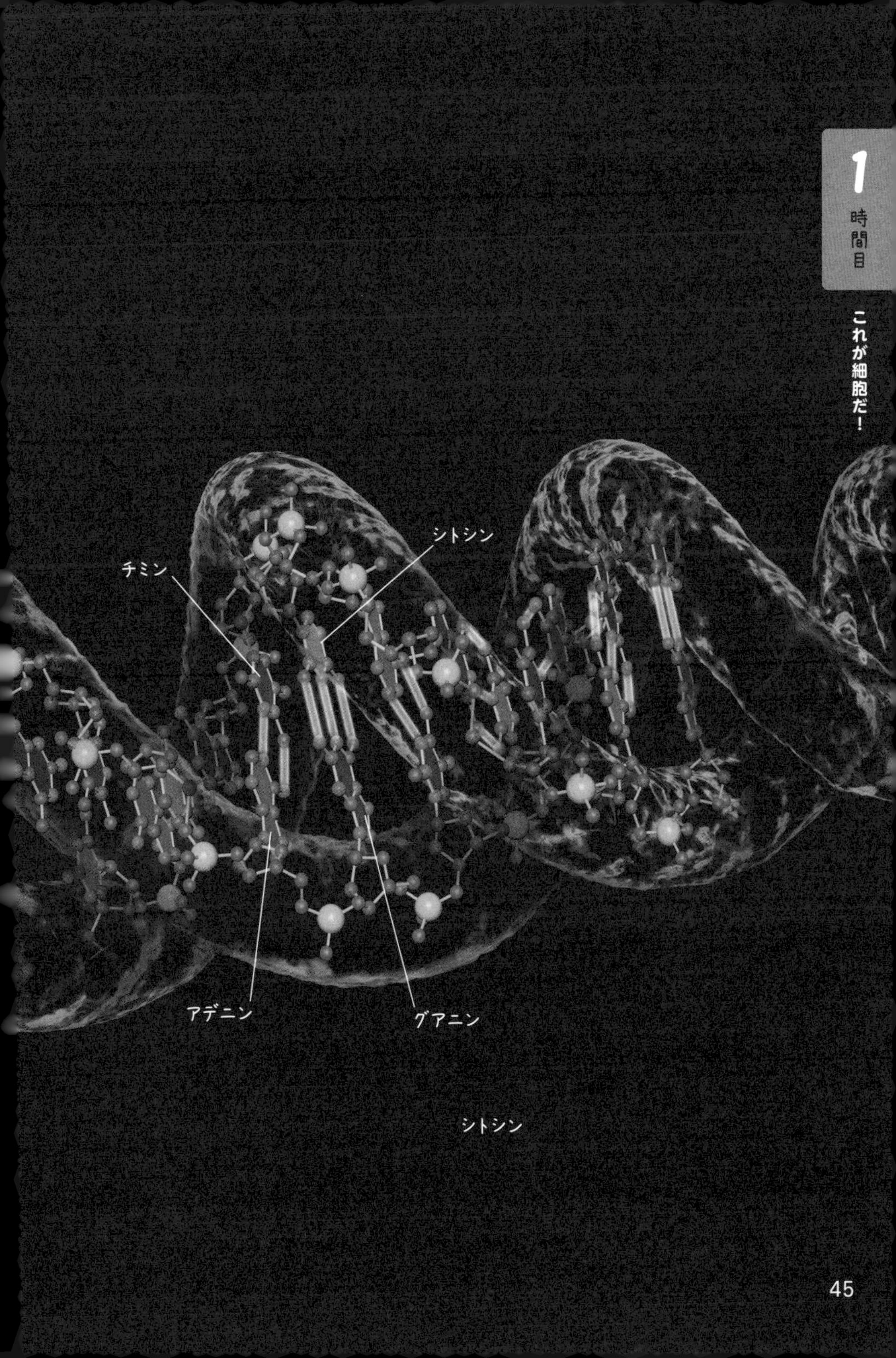
チミン
シトシン
アデニン
グアニン
シトシン

DNAは，タンパク質の設計図になる

先生，DNAの構造ってすごいですね。でも，「DNAは四つの塩基の配列で遺伝情報を保存する」とか，「DNAは生物の設計図」とか，具体的にどういうことなんですか？すごくむずかしいです。

では，そのあたりをやさしく説明していきましょう。
まず，細胞，ひいてはすべての生命体が生きていくためには，**タンパク質のはたらき**が重要です。

たんぱくしつ？

タンパク質は，人体の構成材料として使われたり，体内の化学反応を進めたりする物質です。
さまざまな生命活動はタンパク質がになっているといえるのです。

タンパク質って単なる栄養素かと思っていましたが，体内ではたらくすごいやつだったんですね。

そうですよ。私たちが動いたり，呼吸したり，食べ物を消化・吸収したりできるのは，タンパク質のはたらきのおかげなのです。
タンパク質は，**アミノ酸**という小さな分子が，何十，何百とつながったものです。アミノ酸には20種類あり，このアミノ酸の並びでタンパク質の種類やはたらきが変わります。

数え方にもよりますが，ヒトの体内では，十万種類ものタンパク質がはたらいているといわれています。

そんなにたくさん!?

ええ。
また，人によって，もっているタンパク質がわずかにちがうことがあり，これが体質の差などを生みだします。
たとえば，アルコールに強い人と弱い人は，アルコールを分解するタンパク質のアミノ酸にちがいがあることが明らかになっています。

タンパク質のちがいが個人のちがいを生みだすこともあるんですね。
それで，タンパク質とDNAは何の関係があるんですか？

このようなタンパク質は，DNAの4種類の塩基の情報をもとに体内で合成されるのです。
いわばDNAはタンパク質の**設計図**で，これが遺伝子です。DNAには体内ではたらくあらゆるタンパク質の情報が記されているのです。

うーん……。
DNAがタンパク質を合成しているわけですか。

いいえ。DNAが直接，タンパク質を合成しているわけではありません。
DNAは，いわば“設計図の原本”といえるものです。
細胞は，DNAの一部の必要な情報だけをコピーした**mRNA**という別の分子をつくります。そして，このmRNAの情報をもとに，アミノ酸をつなげてタンパク質を合成するのです。

ぐぬぬ，むずかしい！

ちょっと複雑かもしれませんが，タンパク質を合成するしくみは，あらゆる生命に共通した，ものすごく大事なものなので，もう少しくわしくお話ししましょう。
DNAの情報からタンパク質を合成するプロセスは，大きく**2段階**に分けられます。すなわち，**DNAの情報からmRNAをつくる段階**（転写）と，**mRNAからタンパク質を合成する段階**（翻訳）です。

DNA→mRNA→タンパク質，というプロセスを経るわけですね。

そうです。まずはDNA→mRNAという最初のプロセスについて，説明しましょう。
mRNAというのは，DNAによく似た鎖状の分子です。ただし，基本的にmRNAは1本鎖の状態ではたらきます。

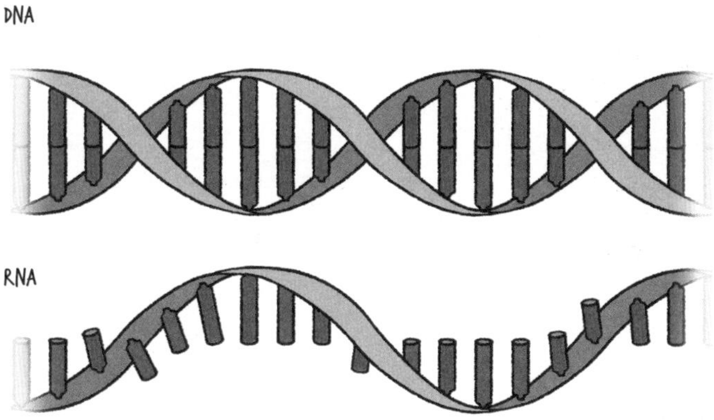

DNAの情報はこのmRNAにコピーされるんですよね。どうやってmRNAはつくられるのですか？

ここで登場するのは，**RNAポリメラーゼ**というタンパク質です。**ポリメラーゼとは，DNAやRNAを合成する役割をもったタンパク質です。**RNA合成酵素ともいいます。次のページに，mRNAを合成するしくみをイラストで示しましたので，これを見ながら説明していきましょう。RNAは，DNAの塩基配列を読み取って，1個1個塩基をつなげることで合成されます。

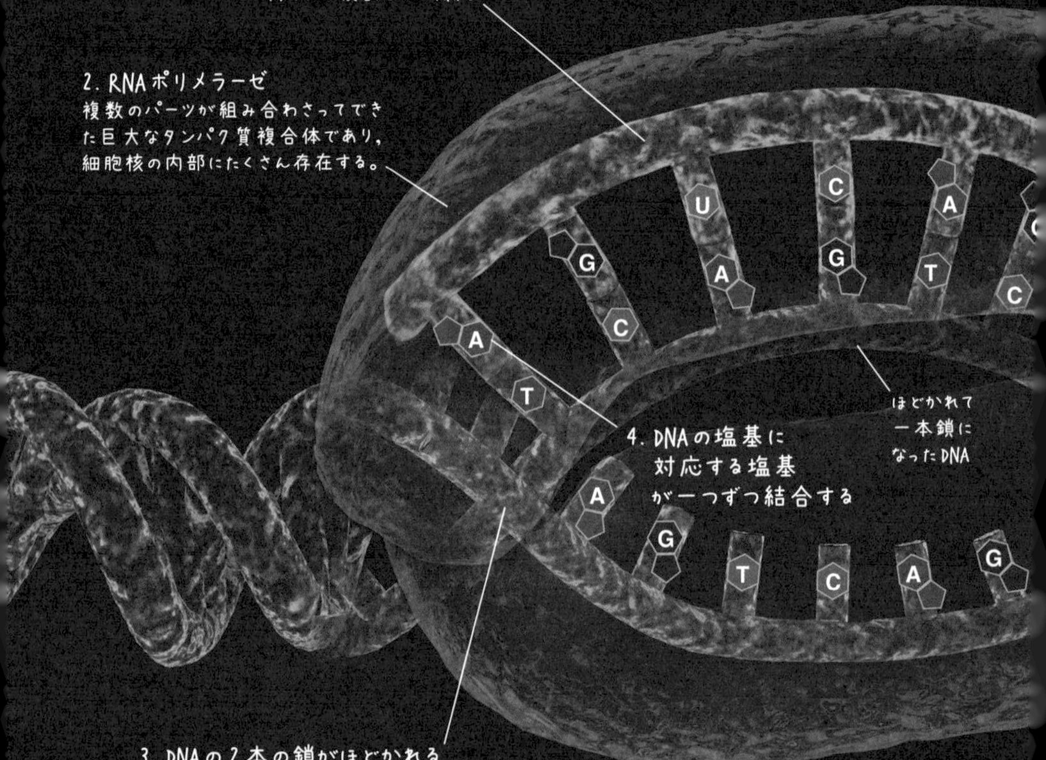
1. mRNA
RNAはDNAとよく似た塩基，糖，リン酸からなる分子である。RNAはその役割によってさまざまな種類に分類されており，mRNAは，DNAの遺伝情報をコピーして細胞核の外に持ちだす役割をもつRNA。
2. RNAポリメラーゼ
複数のパーツが組み合わさってできた巨大なタンパク質複合体であり，細胞核の内部にたくさん存在する。
4. DNAの塩基に対応する塩基が一つずつ結合する
ほどかれて一本鎖になったDNA
3. DNAの2本の鎖がほどかれる
DNAにRNAポリメラーゼが結合すると，RNAポリメラーゼはDNAに沿って進みながら，DNAの2本の鎖をほどいていく。イラストでは，RNAポリメラーゼの進行方向は左である。

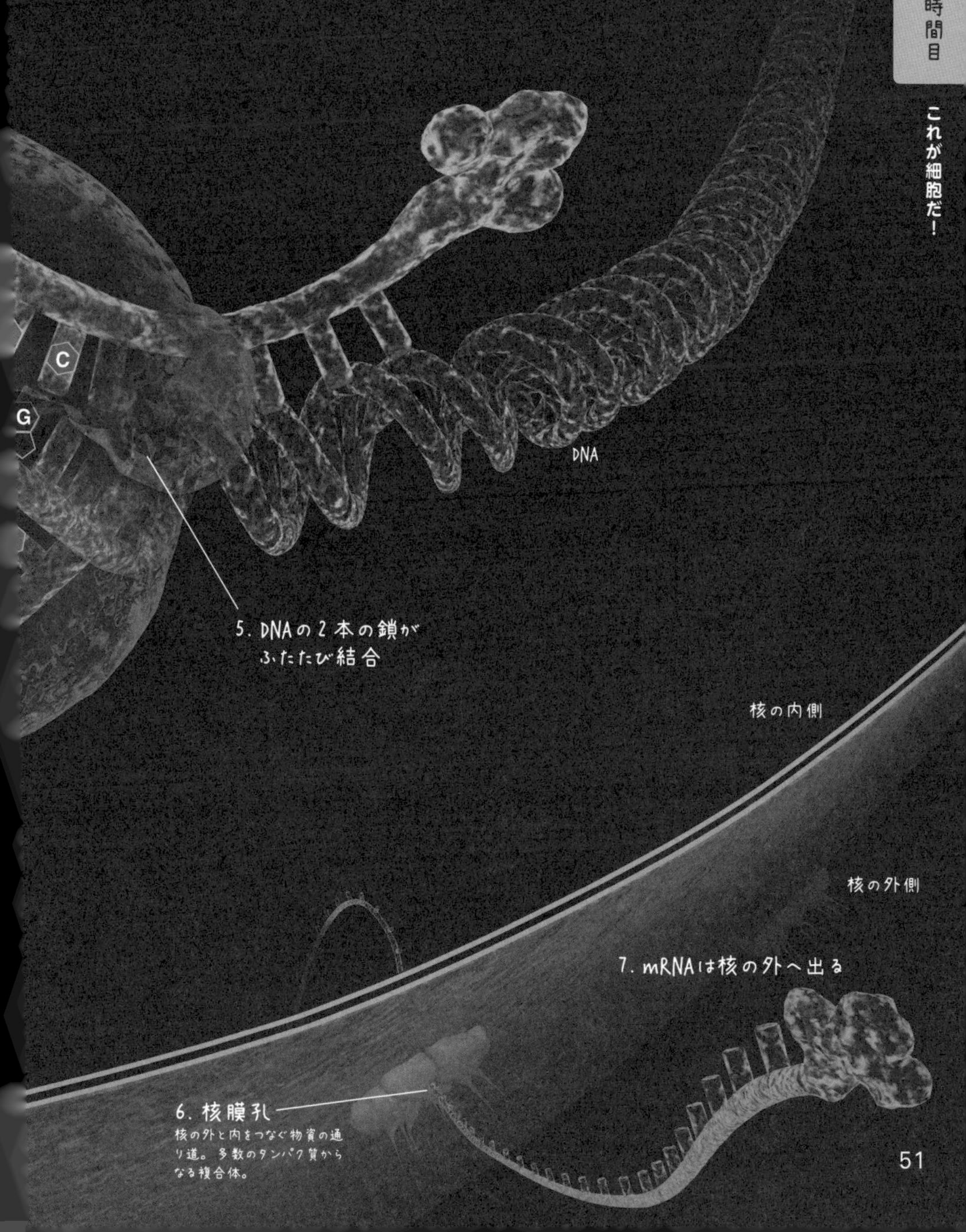
C
G
DNA
5. DNAの2本の鎖が
ふたたび結合
核の内側
核の外側
7. mRNAは核の外へ出る
6. 核膜孔
核の外と内をつなぐ物資の通り道。多数のタンパク質からなる複合体。

まず最初に，必要とされているタンパク質の情報をもっているDNAの領域（遺伝子）の一端にRNAポリメラーゼ（2）がくっつきます。

ふむ。

DNAにRNAポリメラーゼが結合すると，そこでは，DNAの2本鎖がほどけ，DNAの塩基がむきだしになります（3）。
細胞核の内部には，**塩基**を結合した**ヌクレオチド**という物質が無数にただよっています。ヌクレオチドはDNAやRNAの材料となる物質です。DNAの一部の塩基がむきだしになると，RNAポリメラーゼは，その塩基に対応する塩基（ヌクレオチド）を，順に連結していきます。

対応する塩基？

先ほど説明したように，DNAのシトシンとグアニン，アデニンとチミンという塩基のペアは，それぞれ結合する性質があります。これ以外の相手とは結合することはできません。
対応する塩基というのは，ペアの相手のことを指しています。ただし，RNAの場合は，チミンのかわりに，**ウラシル**という塩基が使われます。

ふむ。

さて，RNAポリメラーゼは少しずつ移動しながら，DNAの塩基配列に対応した塩基の連なりを合成していきます。こうしてDNAとよく似た，鎖状の分子，つまりmRNAがつくられるのです。

コピー機で原本の設計図の必要なところをコピーしてる感じですね。

そうです。mRNAの合成が終わったDNAは，もとの2本の鎖にもどります（5）。
このように，mRNAはDNAの塩基に対応してつくられたものなので，おっしゃる通り，まさにDNAの情報の一部をコピーしたことになるわけです。

合成されたmRNAはどうなるのですか？

できあがったmRNA（タンパク質の設計図のコピー）は，核膜に開いた**核膜孔**（6）を通過して，核の外の空間，つまり細胞質へと移動し（7），タンパク質の合成に使われます。
ここで説明したように，DNAから対応したmRNAがつくられる過程を**転写**といいます。

「小胞体」からタンパク質を発送

さて，DNAのコピー（mRNA）が核の外にもちだされました。こうして，タンパク質合成の第1段階は終わりました。
次は，mRNAにもとづいてタンパク質をつくるという，**第2段階**です。

mRNAからいったいどうやってタンパク質がつくられるんでしょう？

先ほども説明したように，タンパク質は，20種類の**アミノ酸**がたくさんつながってできた分子です。
mRNAには，アミノ酸の順番の情報が，塩基の並び順で記されているんです。

ど，どういうことですか!?
一つの塩基が，一つのアミノ酸に対応しているってことでしょうか？

それだと四つのアミノ酸しか指定できませんね。アミノ酸は20種類あり，単純な対応関係にはありません。このため，**mRNAの塩基三つを1セットとし，これに1種類のアミノ酸が対応しています。**
mRNAの三つの塩基ごとに指定されたアミノ酸を順番につなげていくことで，タンパク質は合成されるのです。

しくみが高度すぎるんですけど……。
たとえば，アミノ酸を三つつなげるとしたら，九つの塩基の並びが必要だってことですか？

ええ，そうです。
では，細胞内でタンパク質を合成するしくみをイラストで見てみましょう（56〜57ページのイラスト）。
mRNAが核から出てくると，細胞小器官の**リボソーム**（1）と結合します。

りぼそーむ？

リボソームは，いわば“**タンパク質合成装置**”とよべるものです。
細胞質の中をただよっていたり，小胞体の表面にくっついたりしており，タンパク質を合成する現場となっています。

ほほう。

すると今度はそこへ**tRNA**（2）とよばれる分子が，特定のアミノ酸を結合した状態でやってきます。
tRNAは分子内にむきだしになった三つの塩基をもっており，この塩基配列とtRNAが結合しているアミノ酸は対応関係にあります。
そして，tRNAの塩基がmRNAの塩基と結合可能な組み合わせの場合だけ，両者は結合します（3）。

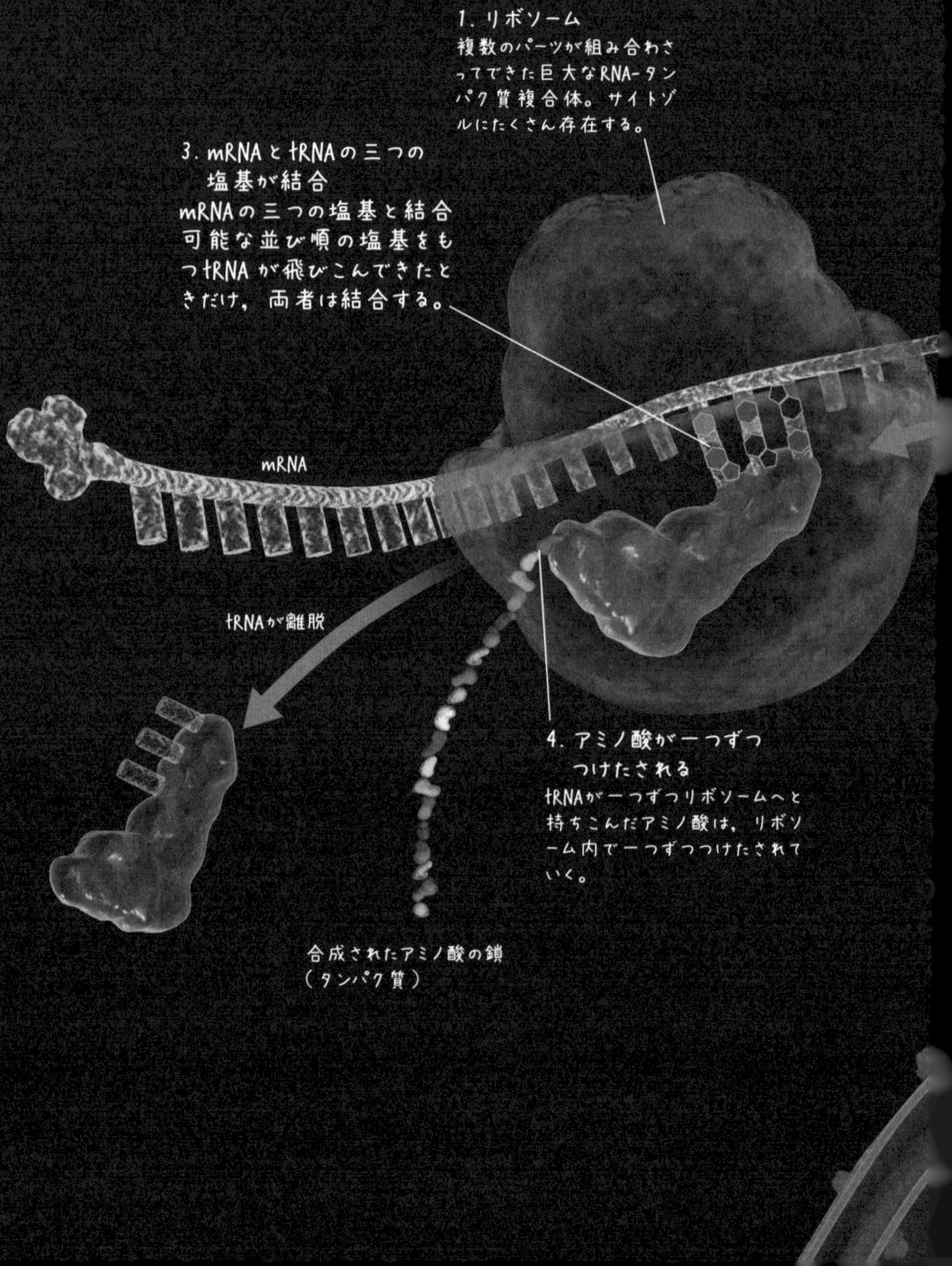
1. リボソーム
複数のパーツが組み合わさってできた巨大なRNA-タンパク質複合体。サイトゾルにたくさん存在する。
3. mRNAとtRNAの三つの塩基が結合
mRNAの三つの塩基と結合可能な並び順の塩基をもつtRNAが飛びこんできたときだけ，両者は結合する。
mRNA
tRNAが離脱
4. アミノ酸が一つずつつけたされる
tRNAが一つずつリボソームへと持ちこんだアミノ酸は，リボソーム内で一つずつつけたされていく。
合成されたアミノ酸の鎖（タンパク質）

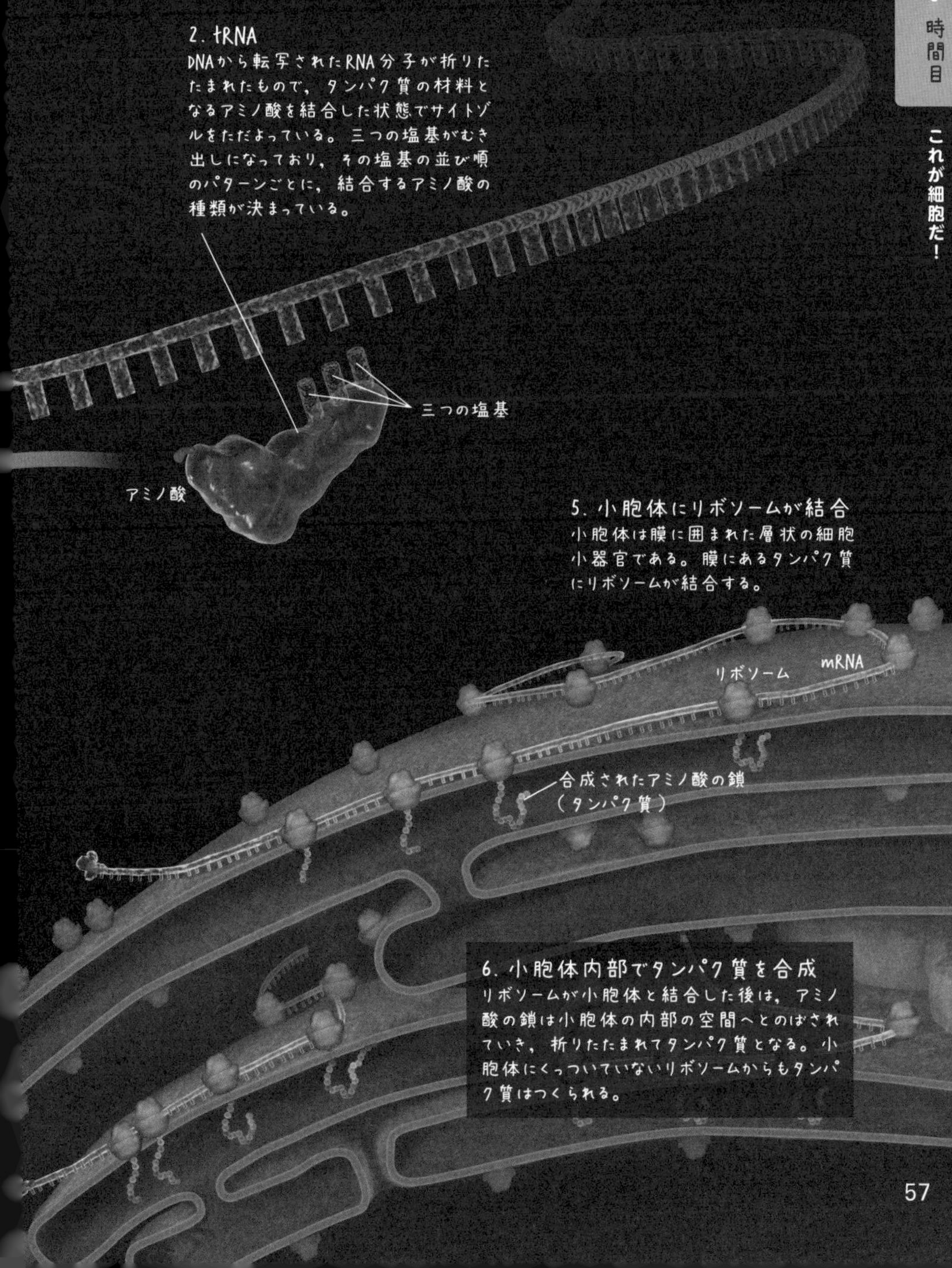

2. tRNA
DNAから転写されたRNA分子が折りたたまれたもので，タンパク質の材料となるアミノ酸を結合した状態でサイトゾルをただよっている。三つの塩基がむき出しになっており，その塩基の並び順のパターンごとに，結合するアミノ酸の種類が決まっている。

5. 小胞体にリボソームが結合
小胞体は膜に囲まれた層状の細胞小器官である。膜にあるタンパク質にリボソームが結合する。

6. 小胞体内部でタンパク質を合成
リボソームが小胞体と結合した後は，アミノ酸の鎖は小胞体の内部の空間へとのばされていき，折りたたまれてタンパク質となる。小胞体にくっついていないリボソームからもタンパク質はつくられる。

また新たなRNAが登場しましたね。今度は「tRNA」ですか。

tRNAの「ｔ」は，“移す・移転させる”を意味する**トランスファー（transfer）**の頭文字です。
tRNAが運び込んだ特定のアミノ酸はリボソームの内部で一つずつつけたされていきます。そして数珠つなぎのようにアミノ酸の鎖がのびていくわけです（4）。

ほぉ，なるほど。

こうして鎖状に連なったアミノ酸は，自然に一定の形に折りたたまれます。アミノ酸がつながる順番によって折りたたまれ方はことなるので，特定の構造をもつタンパク質が自然とつくられることになります。
こうしてできたタンパク質は，その立体構造に応じて体の各部で生命活動に使われるのです。

本当によくできていますね。細胞の中に，こんな精密なしくみがあるなんて，衝撃です。

そうでしょう。ちなみに，タンパク質は，**小胞体**という細胞内小器官の中で合成されることもあります。
タンパク質を合成するリボソームが小胞体の膜の表面に結合して，そこから小胞体の内部に向かって，アミノ酸の鎖がのばされていくのです（5，6）。
そして小胞体の内部でアミノ酸の鎖が折りたたまれ，タンパク質となります。

小胞体の中で合成されるタンパク質と，そうでないタンパク質は何がちがうんですか？

それは，タンパク質のはたらく場所です。
細胞の外ではたらくタンパク質や，膜で囲まれたゴルジ体，リソソームなどではたらくタンパク質は小胞体で合成されます。

なるほど。タンパク質が送られる場所によって，合成される場所もことなるわけですね。

そうです。
折りたたみ済みのタンパク質は細胞膜や細胞小器官の膜を通過するのがむずかしいのです。
そこで，**膜を通過する必要があるタンパク質は，あらかじめ小胞体の中で合成してしまい，以後は膜に包まれた状態のまま，目的の場所へ移動させる戦略をとっています。**

タンパク質は「ゴルジ体」で仕分けされる

タンパク質のはたらく場所は，さまざまです。細胞の内部ではたらくものもあれば，細胞の外に分泌されたり，別の細胞に送られたりするものもあります。
そのため，タンパク質が合成されると，今度は適切な場所に発送される必要があります。そのためには，“**梱包**”や”**仕分け**”といった工程が必要です。
さらに，できたばかりの製品がちゃんと動けるよう“**仕上げ**”をしておく必要もあるでしょう。

ひえ～！　すごい。
ということは，その仕事をする“部署”がちゃんとあるわけですね。

ええ，そうです。その作業を行う細胞小器官が**ゴルジ体**です。
ここでは，小胞体内部で組み上げられたタンパク質が“発送”されていくまでのしくみを見ていきましょう（62～63ページのイラスト）。

はい！

小胞体は，膜が層状にいくつも重なった構造をしていますが，個々の層はたがいにつながっています。
小胞体の内部で組み上げられたタンパク質は，小胞体の内部を移動していきます（1）。

そして タンパク質が小胞体の末端にまでやってくると，小胞体の一部がくびれて，内部にタンパク質を詰め込んだ小さな“カプセル”がつくられます。これを**輸送小胞**(2)といいます。

まさに梱包ですね！　まるで工場みたい……。

面白いでしょう。
タンパク質はこうして梱包されて，**ゴルジ体**(3)へと送りだされます。
ゴルジ体も，小胞体と同様に，層状の構造をしています。ゴルジ体に到着した輸送小胞は，ゴルジ体と融合します。こうして輸送小胞の内部にあったタンパク質がゴルジ体の内部へ解放されます。

これまたうまくできてますねぇ。
小胞体で袋詰めされて，ゴルジ体へと送られるのですね。

そうなんです。
さて，このゴルジ体では，まずタンパク質の“**仕上げ**”が行われます。
タンパク質が正常にはたらくためには，小胞体でタンパク質にくっつけられた**糖鎖**とよばれる分子が正しい構造につくり変えられなければなりません。この作業を**修飾**といいます。

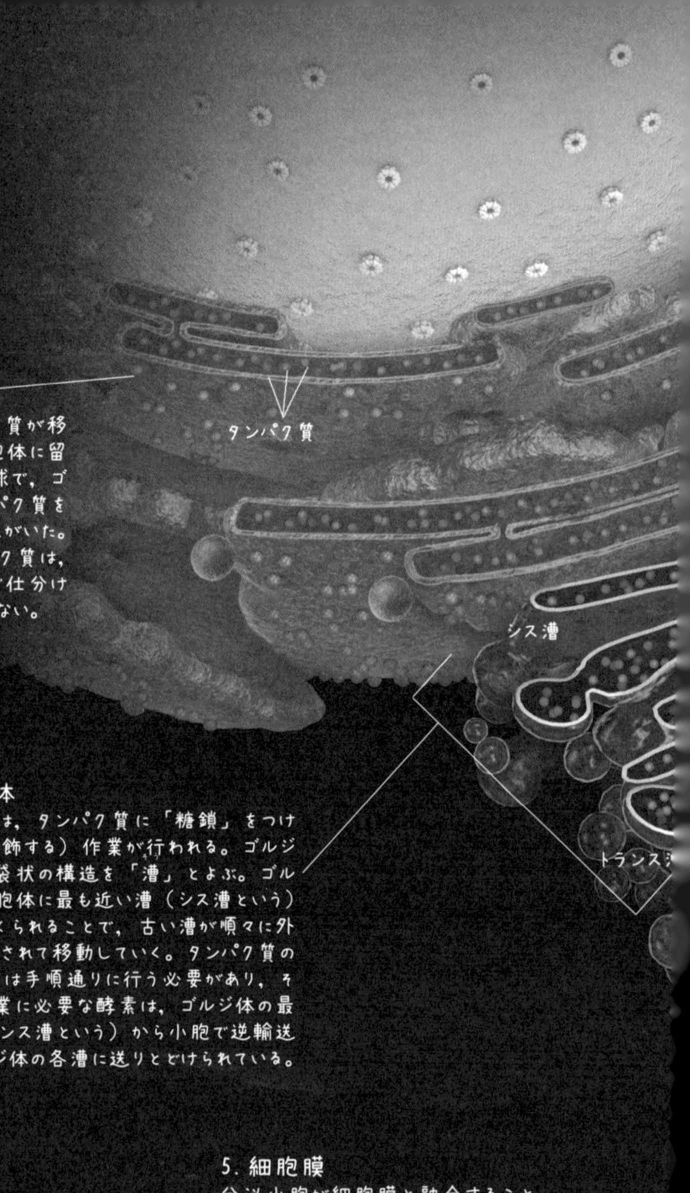

1. 小胞体

小胞体の内部をタンパク質が移動していく。ここでは小胞体に留まるタンパク質を灰色の球で，ゴルジ体へと送られるタンパク質をオレンジ色と赤色の球でえがいた。小胞体にとどまるタンパク質は，輸送小胞をつくる時点で仕分けされ，輸送小胞には乗らない。

3. ゴルジ体

ゴルジ体では，タンパク質に「糖鎖」をつけ加える（修飾する）作業が行われる。ゴルジ体のような袋状の構造を「槽」とよぶ。ゴルジ体は，小胞体に最も近い槽（シス槽という）が新たにつくられることで，古い槽が順々に外側に押し出されて移動していく。タンパク質の修飾の作業は手順通りに行う必要があり，それぞれの作業に必要な酵素は，ゴルジ体の最終槽（トランス槽という）から小胞で逆輸送され，ゴルジ体の各槽に送りとどけられている。

5. 細胞膜

分泌小胞が細胞膜と融合することで，分泌小胞に含まれていたタンパク質が細胞外へと放出される。放出されたタンパク質は血管を通って体の各部へ送られてホルモンとしてはたらいたり，たとえば唾液のような分泌物の成分となったりする。

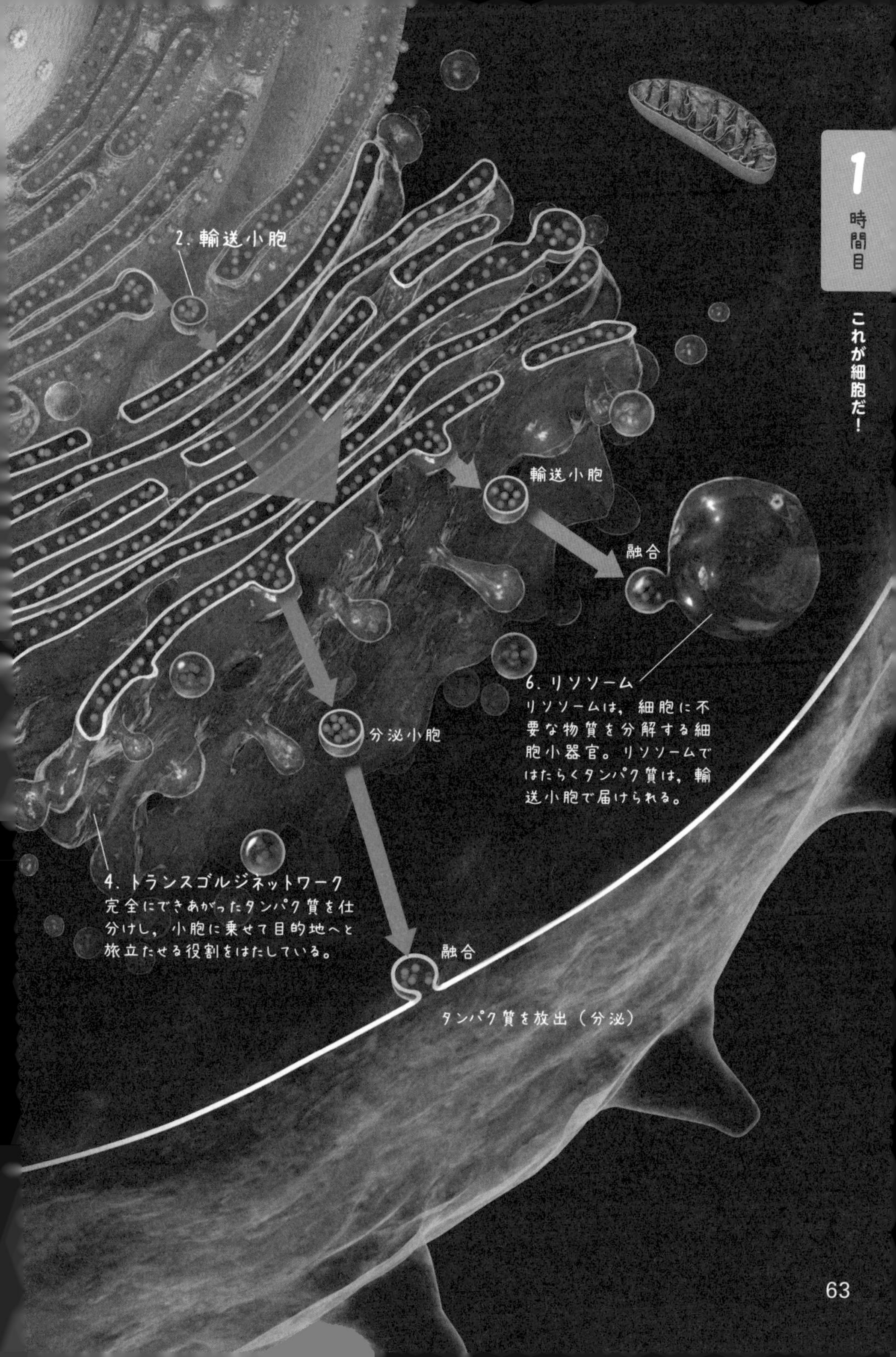
2. 輸送小胞
輸送小胞
融合
6. リソソーム
リソソームは，細胞に不要な物質を分解する細胞小器官。リソソームではたらくタンパク質は，輸送小胞で届けられる。
分泌小胞
4. トランスゴルジネットワーク
完全にできあがったタンパク質を仕分けし，小胞に乗せて目的地へと旅立たせる役割をはたしている。
融合
タンパク質を放出（分泌）

小胞体でできたタンパク質は，まだ完成品というわけではないんですね。

はい。糖鎖をつくり変える役目をするのは，ゴルジ体の内部に用意された多種類の**酵素**です。

酵素は，体内の化学反応の媒介となるタンパク質ということでしたね。

その通りです。ゴルジ体は5～6層に連なった**層構造**をしており，ゴルジ体に入ってきたタンパク質は，小胞体に近い側から遠い側へと，それぞれの層を順番に移動していきます。
移動にともない，層内ではたらく酵素の種類も変化していきます。
このように，**酵素の種類が順番に切り変わっていくことで，糖鎖が正しい構造へとつくり変えられていくのです。**

うわ～。“仕上げ”作業ってこういうことですか。
すごいなぁ。

こうしてタンパク質は，だんだんとゴルジ体の外側の層に運ばれていき，完成形へと近づいていきます。
そして，ゴルジ体の最も外側の層で完成となります。この領域を**トランスゴルジ網**（4）といいます。
ここでは，タンパク質の送り先を“仕分け”する作業が行われるのです。

トランスゴルジ網が“仕分け”の部署なんですね。

そうですね。
トランスゴルジ網にたどりついたタンパク質の主な行き先は**細胞膜**(5)や**リソソーム**(6)です。
タンパク質は行き先ごとに分別されて，トランスゴルジ網から，小胞体と同じしくみで**輸送小胞**に乗せられ，運ばれていきます。

ふぇぇ……。やっと“製品の出荷”ですか。
まるで小さな運送会社ですね。しかも超ハイテクな……。

よくできていますよね。
こうして細胞膜に送られた輸送小胞は細胞膜と融合し，内部に詰め込まれたタンパク質が細胞の外に放出されます。体の機能を調節するホルモンや，消化酵素などの分泌物は，このように細胞内でつくられ，細胞外へ放出されるのです。
なお，以前はトランスゴルジ網もゴルジ体の一部とみなされていましたが，近年では，ゴルジ体とトランスゴルジ網を別の細胞小器官とみなす場合もあります。

細胞のエネルギー工場「ミトコンドリア」

先生，細胞のしくみって，すごいですねえ……。しくみはもちろんですけど，ここまで明らかになっていることにもおどろきです。

ここまで，タンパク質の合成にかかわる細胞小器官を見てきましたが，次は，細胞が活動するために必要な**エネルギー**をつくるためのしくみを見ていきましょう。
細胞がはたらくにはエネルギーが必要です。そのエネルギーを生みだすのに，必要な細胞小器官が**ミトコンドリア**（1）です。

ミトコンドリアって，名前だけ覚えています！

ミトコンドリアは，全身のすべての細胞に存在していて，その総量は体重の**1割**にもなるといわれています。つまり体重が60キログラムだとしたら，そのうちの6キログラムはミトコンドリアというわけです。

そんなにたくさん!?

おどろいたでしょう。
ちなみにミトコンドリアの「ミト」はギリシア語で**糸**を意味し，**コンドリア**は粒子を意味しています。

縦横無尽に張りめぐらされたミトコンドリア

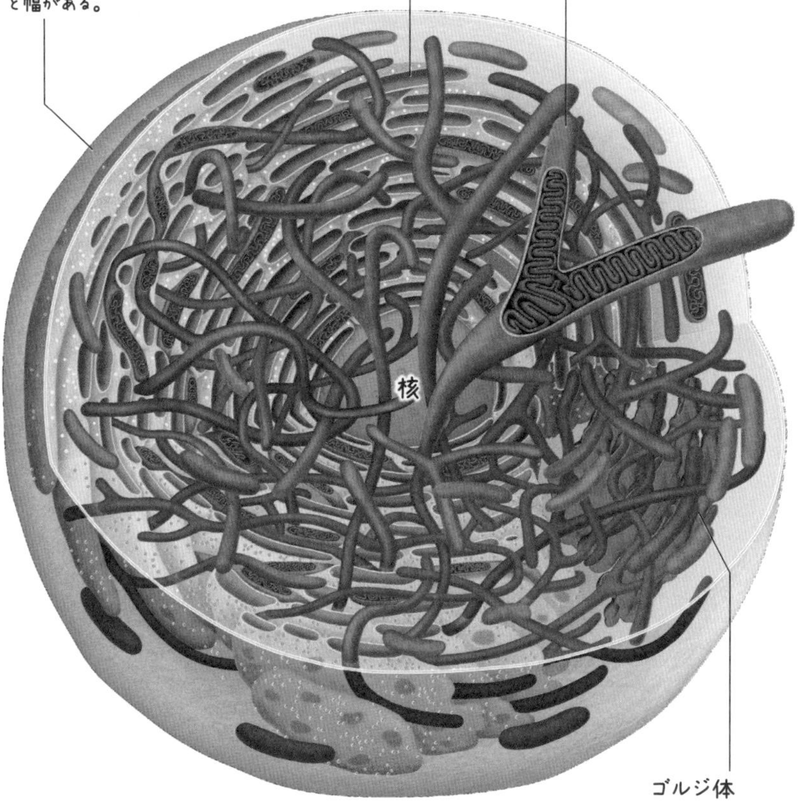

ミトコンドリアは，**直径0.001ミリメートル以下**で，糸状や粒状の形をしており，一つの細胞の中には**数百個**存在しています。

そして，おたがいに融合したり分裂したりして，ダイナミックに形を変えながら存在していることがわかっています。

へぇ，融合や分裂もするのか。

次のイラストを見てください。
ミトコンドリアは，**外膜**（2）の内側に**内膜**（3）をもつ**二重構造**になっています。
そして外膜と内膜にはさまれた空間を**膜間腔**（4），内膜に囲まれた空間を**ミトコンドリアマトリックス**（5）とよんでいます。

ミトコンドリアの膜は二重になっているんですね。

そうです。この二重構造を利用して，ミトコンドリアは大きなエネルギーを生みだします。
ミトコンドリアの内膜には，エネルギーの生産装置とでもいうべき**ATP合成酵素**が無数に散りばめられているのです。

ATP？　何ですか，それ？

ATP（アデノシン三リン酸）とは，さまざまな生命活動で必要となる分子で，**細胞内の“エネルギー通貨”**ともいわれています。ATPは高いエネルギーをもった分子で，分解することでそのエネルギーを利用することができます。

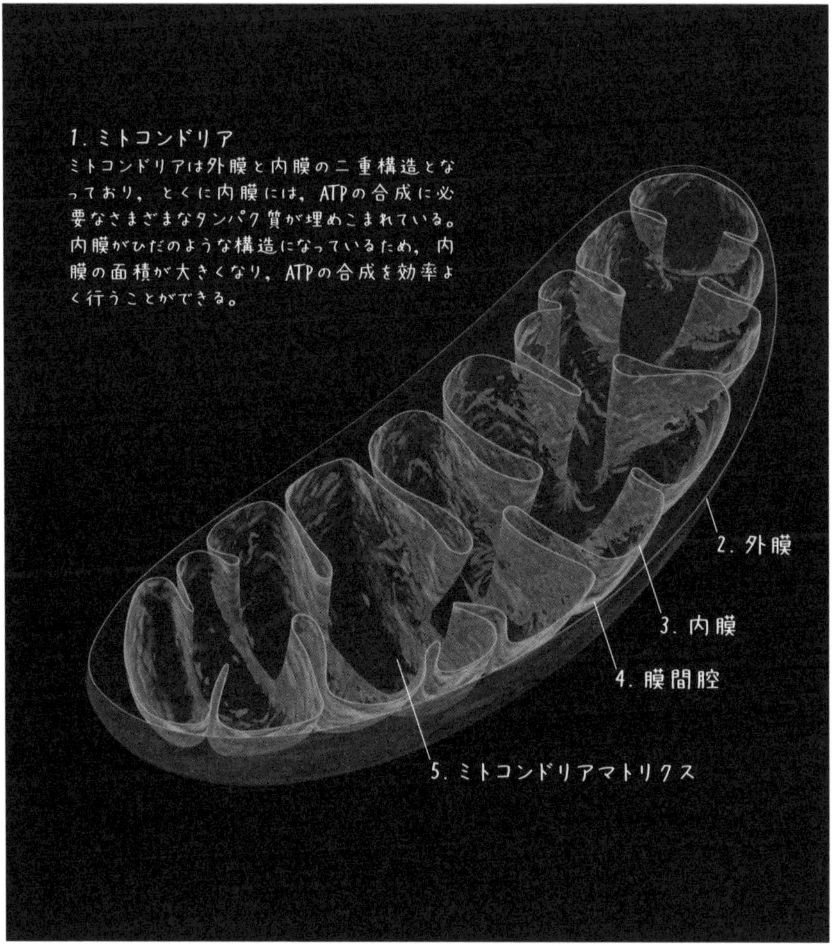

筋肉を動かせるのも，タンパク質の合成ができるのも，ATPの化学的なエネルギーのおかげなんですよ。
ミトコンドリアの内膜に埋まったATP合成酵素は，このATPを効率よく合成する**装置**なのです。

ポイント！

ミトコンドリア

生物のエネルギー源ともいえるATPを合成する。

ATP（アデノシン三リン酸）

あらゆる生命活動のエネルギー源となる分子。

いったいどうやって，そんなすごい物質を合成しているんですか？

では，そのプロセスを見ていきましょう。
まず，私たちが食べたものは，細かく分解され，**小腸**から吸収されます。
その後，**血液**の流れに乗り，**ブドウ糖**などの形として各細胞へと送り届けられます。

ブドウ糖は，細胞の中に入り込むんですか？

そうです。
細胞に取り込まれたブドウ糖は，細胞のサイトゾルで**ピルビン酸**という物質へと変えられ，ミトコンドリアマトリックスへと送り届けられます。

ミトコンドリアの内部の空間ですね。

はい。さらにミトコンドリアマトリックスでは，ピルビン酸が分解され，**二酸化炭素**，**水素イオン**や**電子**といった物質ができます。
このとき生じた水素イオンは，ミトコンドリアの内膜と外膜の間，すなわち膜間腔へと汲みだされます。

フクザツ……。
ピルビン酸がいろいろな分子に分解されて，そのうちの水素イオンが内膜の外へ汲みだされると。

そうです。水素イオンが放出されるにつれ，膜間腔の水素イオンの濃度が上がります。このため，水素イオンは濃度の低いミトコンドリアマトリックスへともどろうとします。
この，水素イオンがミトコンドリアマトリックスにもどろうとする際に，内膜に組み込まれた**ATP合成酵素**を通過します（次のページのイラスト）。

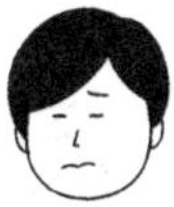

水素イオンがATP合成酵素を通過すると，どうなるんですか？

ATP合成酵素は一部が**タービン（水車）**のような構造になっており，水素イオンの通過にともなって，そこが回転します。この運動を利用して，ミトコンドリア内にただよっているADPという物質に，リン酸という物質を結合させて，ATPが合成されます。

ATPをつくるしくみ（1～4）

食べ物を分解することで得たエネルギーで，水素イオンをミトコンドリアの外側にため込む（1）。水素イオンが内部へと流れる勢い（エネルギー）を利用してATP合成酵素の“タービン”が回り（2），連結している軸が回転する（3）。軸の動きで，タンパク質の構造が変わることで，ADPとリン酸が結合し，ATPができる（4）。

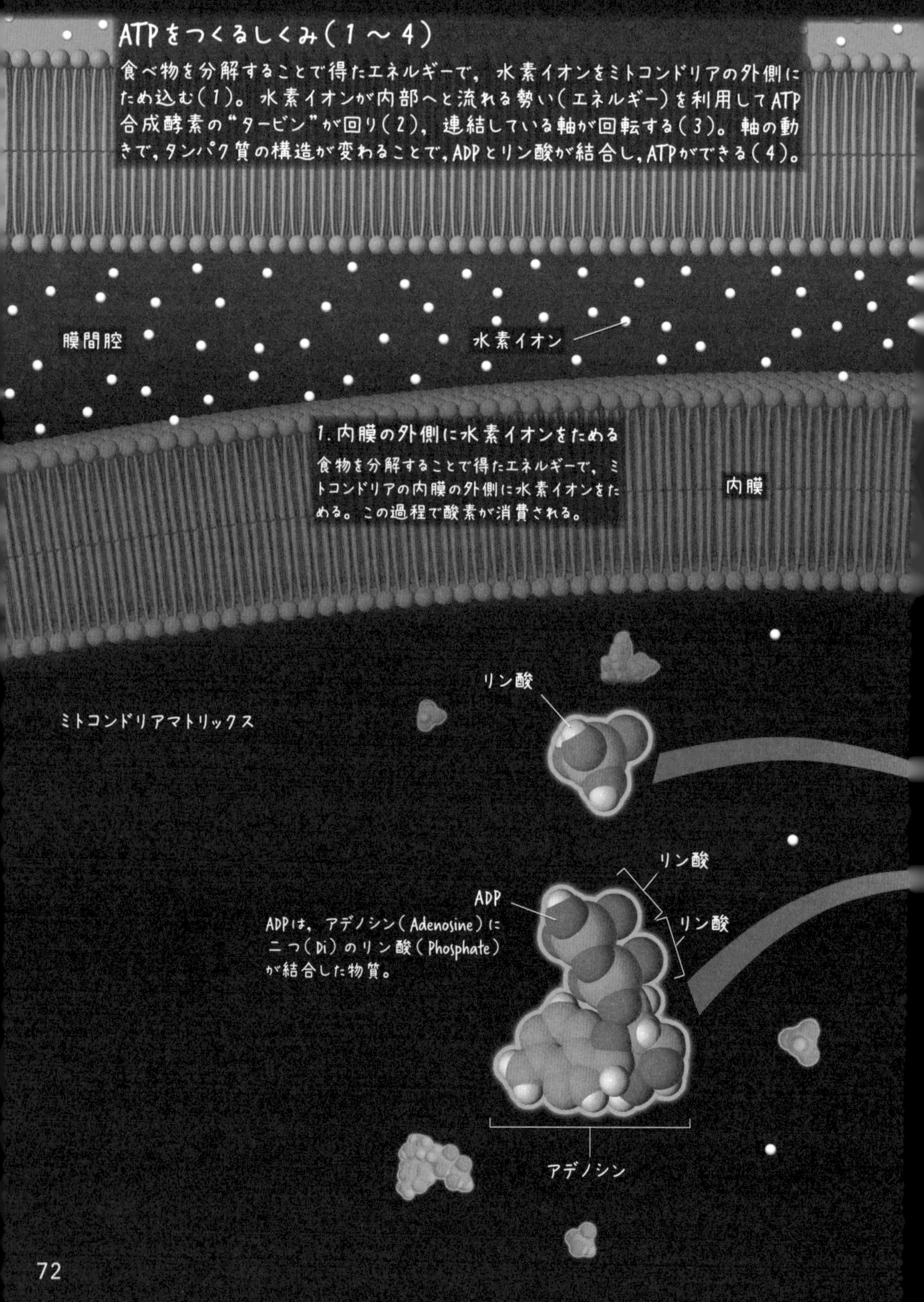

1. 内膜の外側に水素イオンをためる

食物を分解することで得たエネルギーで，ミトコンドリアの内膜の外側に水素イオンをためる。この過程で酸素が消費される。

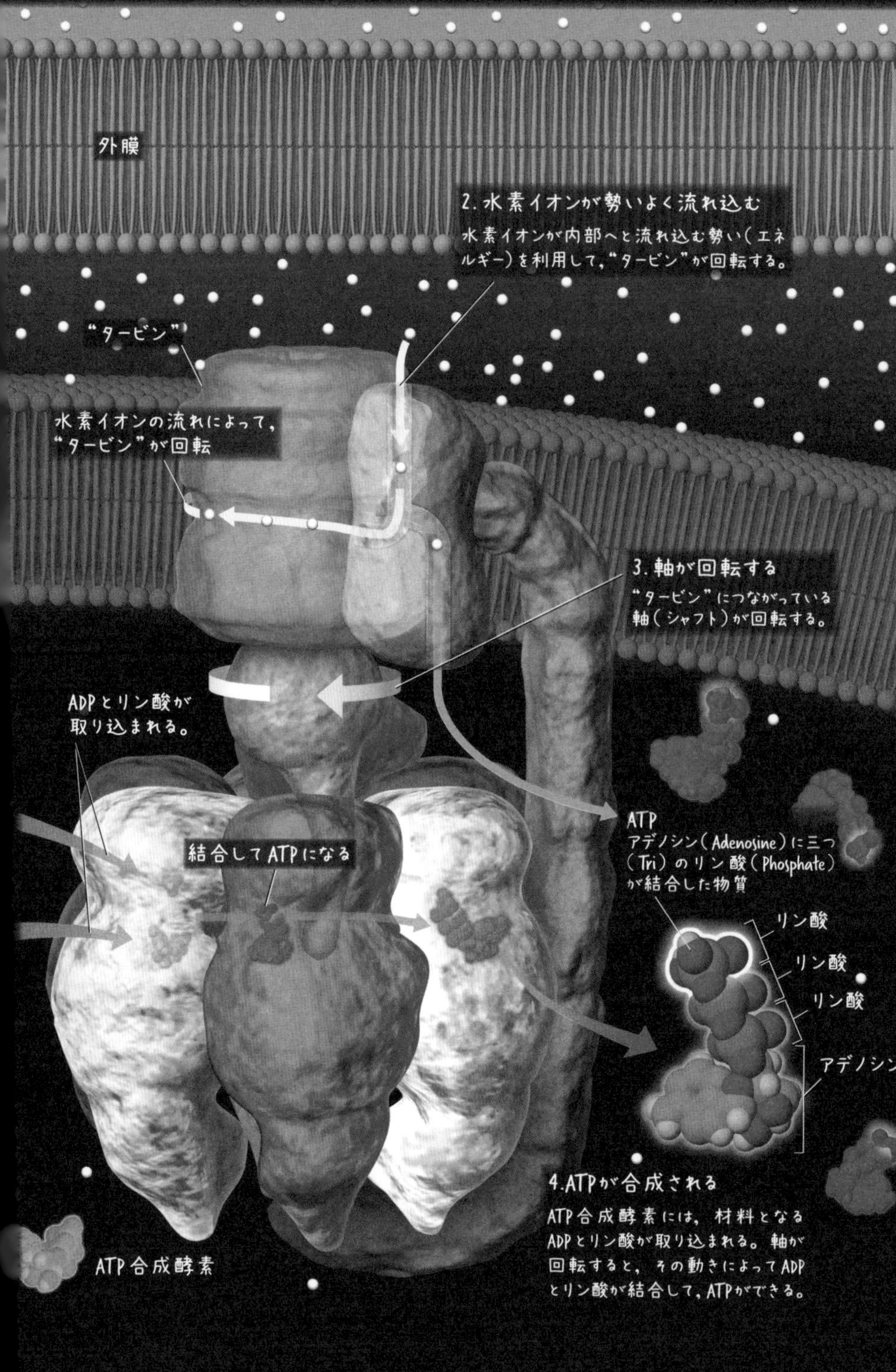
外膜
2. 水素イオンが勢いよく流れ込む
水素イオンが内部へと流れ込む勢い(エネルギー)を利用して,“タービン”が回転する。
“タービン”
水素イオンの流れによって,“タービン”が回転
3. 軸が回転する
“タービン”につながっている軸(シャフト)が回転する。
ADPとリン酸が取り込まれる。
結合してATPになる
ATP
アデノシン(Adenosine)に三つ(Tri)のリン酸(Phosphate)が結合した物質
リン酸
リン酸
リン酸
アデノシン
4.ATPが合成される
ATP合成酵素には,材料となるADPとリン酸が取り込まれる。軸が回転すると,その動きによってADPとリン酸が結合して,ATPができる。
ATP合成酵素

ええ～！　まるで水力発電みたいですね！

本当にすごいでしょう。
この一連の反応を進めるには**酸素**が必要になります。
また，ATPの合成の過程でできた**二酸化炭素**を排出する必要もあります。
私たちが呼吸で酸素を吸収し，二酸化炭素を排出しているのは，ミトコンドリアをしっかりとはたらかせてATPを合成するためなんですよ。

呼吸って，そういうことだったんですね！
今，私が吸い込んだ酸素が，これからミトコンドリアでATPをつくるのに使われるっていうことか。
そんなこと意識したことなんかなかったです。

外と中とを分ける「細胞膜」

それでは次に**細胞膜**を見ていきましょう。

「膜」というと，内側と外側を分けるだけで，なんだか地味な印象ですが……。
でもきっとまた一筋縄ではいかない，トンデモナイしくみがあるんでしょうね。

へへへ，その通りです。
そもそも細胞は，内外を隔てる細胞膜がないと生きてはいけません。
また，**細胞膜は，細胞内から細胞外へ，あるいは細胞外から細胞内へと，さまざまな物質の出入りを管理する場所でもあります。**

単なる境界ではないんですね。
細胞膜はどんな構造をしているんですか？

細胞膜にかぎらず，核膜や小胞体，ゴルジ体など，細胞の中に存在する膜は基本的には似た構造をしていて，どの膜も**リン脂質**という物質でできています。

リン脂質？

リン脂質は，炭素の鎖がつながった2本の足部分と，リンや酸素を含む頭の部分とに分けられます。

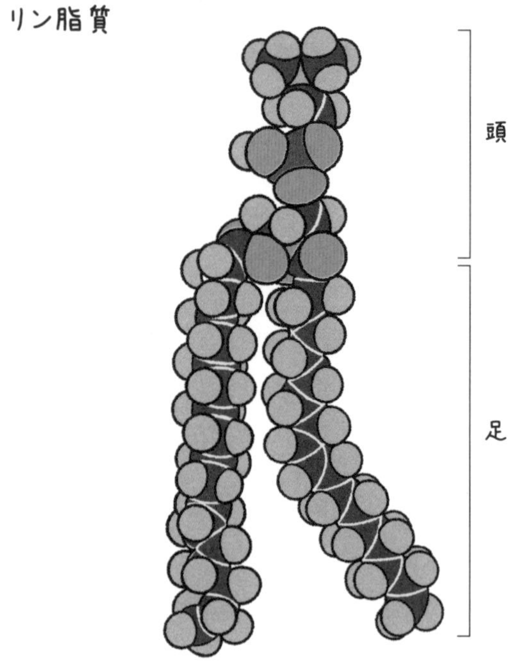
リン脂質
頭
足

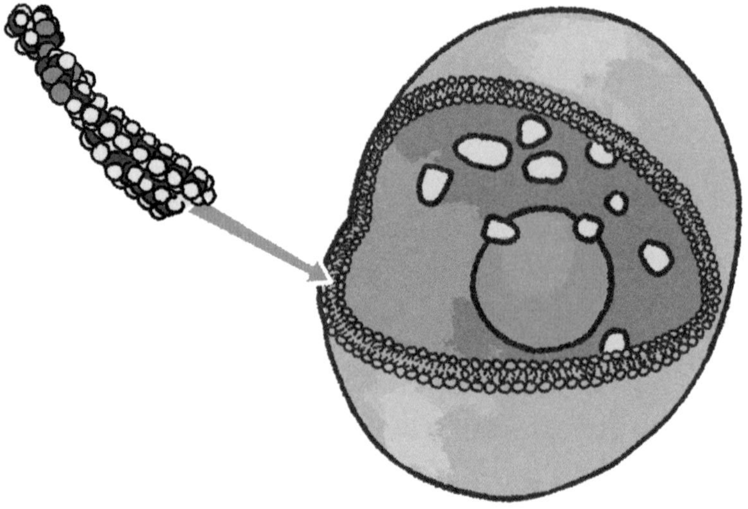

頭の部分は水になじみやすい性質（親水性），足の部分は水をきらう性質（疎水性）をもっています。
そのため，水の中でリン脂質が集まると，足を内側，頭を外側にして2層に並び，1枚の膜をつくるのです。
これを**脂質二重膜**といいます。

面白いですね。

こうしてできた脂質二重膜は，やわらかく柔軟性があり，小胞体やゴルジ体のところでも説明したように，分離して小胞をつくったり融合したりすることができます。

分離も融合も自由自在なんですね。

ですね。
さて，**脂質二重膜の最も重要な性質は，物質をむやみに通過させないことです。**
もし物質が無秩序に出入りしたのでは，細胞は生きていけません。しかし逆にすべての物質の通過をシャットアウトしても，やはり細胞は生きていけません。
そこで，細胞膜には，特定の物質を通過させるための**装置**が埋め込まれています。

特定の物質を通過させる装置って，いったいどんな装置なんですか？

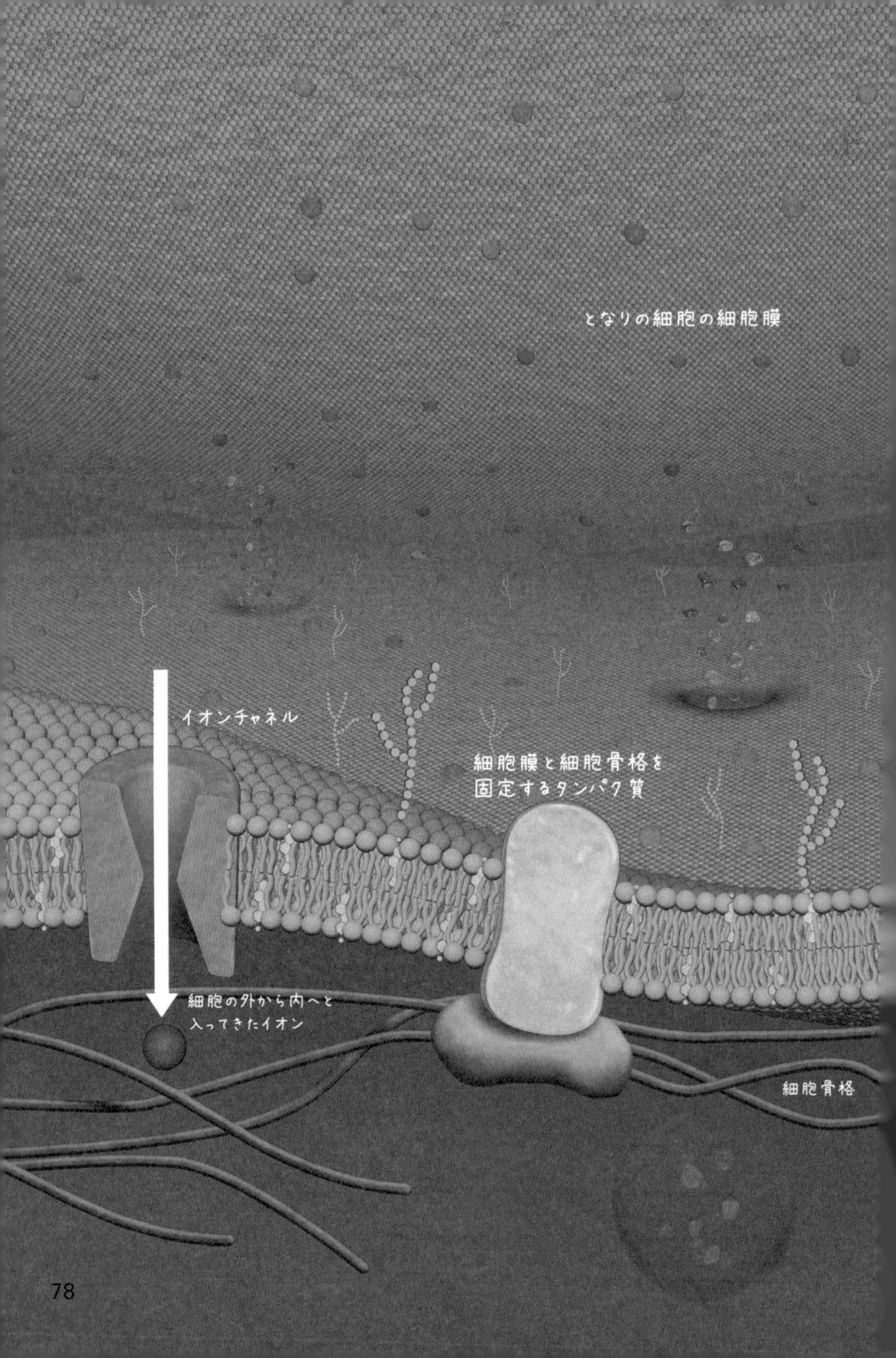
となりの細胞の細胞膜
イオンチャネル
細胞膜と細胞骨格を固定するタンパク質
細胞の外から内へと入ってきたイオン
細胞骨格

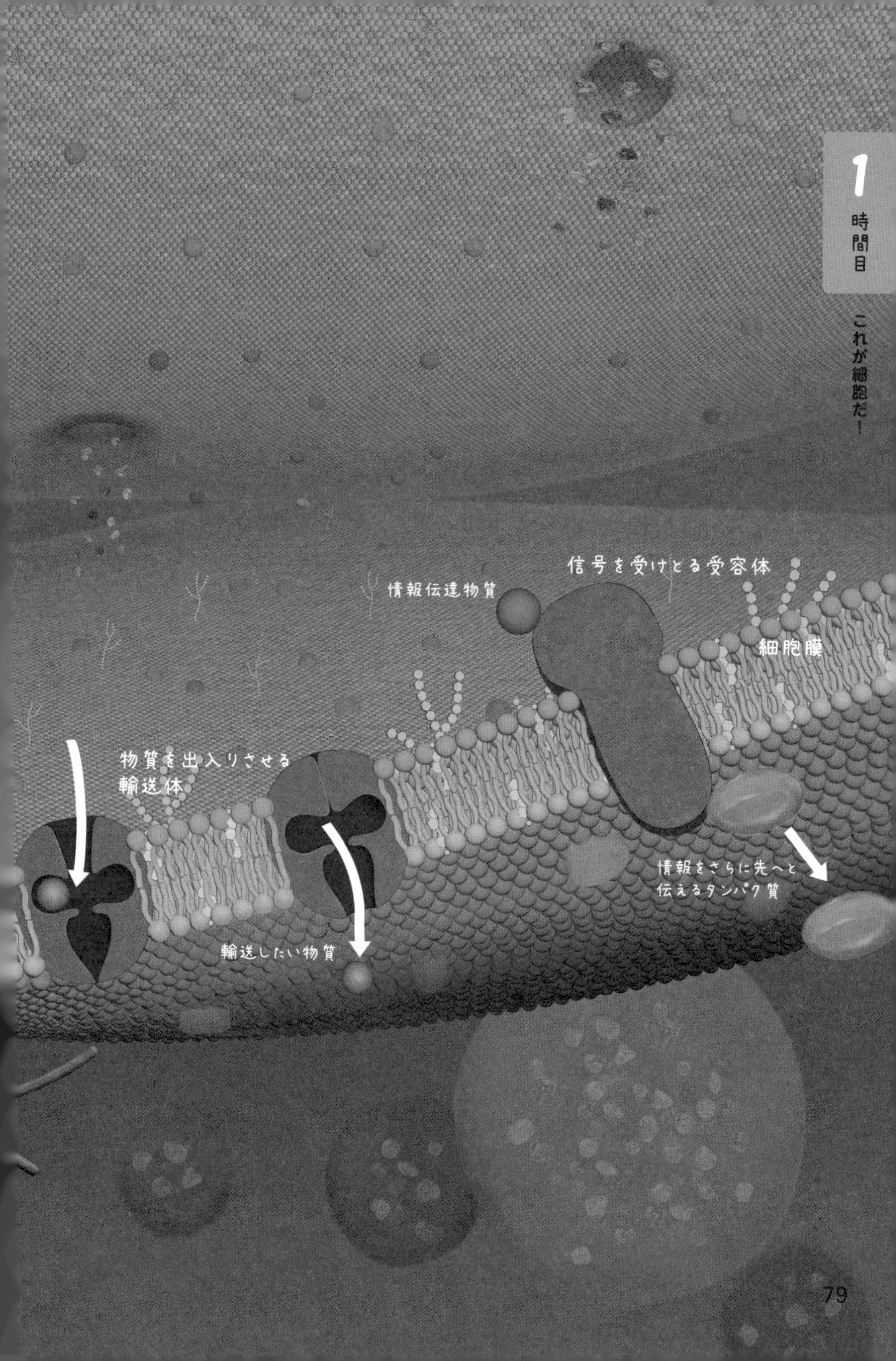
情報伝達物質
信号を受けとる受容体
細胞膜
物質を出入りさせる
輸送体
輸送したい物質
情報をさらに先へと
伝えるタンパク質

たとえば**イオンチャネル**です。
これは膜をつらぬくトンネルのような構造をもつタンパク質で，刺激に応じて閉じたり開いたりし，特定のイオンがチャネルの内部を通過するように制御しています。

すごっ！　イオンを通過させるゲートというわけですか。イオンって，そんなに重要な物質なんですか？

イオンは，タンパク質を活性化したり，細胞の内と外の電気的なつり合いを変化させたりと，さまざまなはたらきをになっているのですよ。

なるほど。

また，細胞にはその形を維持するための**細胞骨格**というものがあります。
細胞膜と細胞骨格とを結合して細胞の形を保つタンパク質も，細胞膜にある重要な装置といえます。

ボルトやネジみたいに，固定する装置というわけですね。

それから細胞膜にある**輸送体**というタンパク質は，膜を通過させたい物質と結合し，自らの構造を変化させることによって，物質を通過させるはたらきがあります。

これはまたちょっと変わった装置ですね。

また，細胞膜にある**受容体**というタンパク質は，外部からの信号を受け取り，その信号を細胞内部に伝える役割を果たしています。物質の通過はありません。
このように細胞膜は，膜に埋めこまれたタンパク質とともに，さまざまな機能を果たしているのです。

細胞膜には，たくさんの装置が埋め込まれていたんですね！

植物細胞には，光合成の装置がある

さて，ここまでは真核生物のうち，動物の細胞を中心に見てきました。
次に，同じ真核生物である**植物**の細胞も見てみましょう。

植物の細胞って，動物とは全然ちがうイメージです……。

それが，実はそうでもないのですよ。
植物の細胞も，生命のしくみの基本は動物の細胞と同じです。
細胞核でDNAの情報をコピーし，その情報をもとにリボソームがタンパク質を合成して，合成されたタンパク質は小胞体からゴルジ体を経由して，必要な場所へと送り届けられます。
こうした流れは，真核生物に共通のしくみなんです。

そうなんですか？
じゃあ，どこがちがうんだろう？

植物細胞が動物細胞とことなるのは，植物細胞が**葉緑体**をもっているということです。
葉緑体は「光合成」を行う細胞小器官で，太陽光のエネルギーを利用して二酸化炭素と水から糖を生産し，酸素を排出します。

そこですか〜。

また，STEP1のコルクのところでも出てきましたが，植物細胞には，細胞膜の外側に強固な**細胞壁**があります。
「セルロース」という分子が主成分である細胞壁は，植物の体を支える役割をはたしています。

へえ〜。植物の茎や枝がしっかりして頑丈なのは，細胞壁があるからなんですね。

サラダを食べるとぱりぱりしますね。
さらに，植物細胞には巨大に発達した**液胞**がよく見られます。
液胞とは，細胞液とよばれる液体で満たされた袋で，動物細胞ではほとんど発達していません。
植物の場合，この液胞が，植物によっては植物細胞の体積の大部分を占めるほど大きい場合もあります。

なぜ植物にだけ液胞があって，しかもそんなに巨大化するんでしょう？

液胞の存在は，植物が「自分では移動できない」という性質と関係しているようです。

植物は動物のように自分で移動することができませんよね。ですから，より有利な生育条件を得るには，枝を伸ばすなど，早く体を大きく成長させる必要があります。

そのためには，細胞自体が大きいことが望ましいわけです。実際，植物細胞は，動物細胞にくらべておおむね数倍の直径をもつ場合が多いです。

早く成長するためには細胞も大きい方がいいのですね。

液胞の中身の細胞液の主成分は水です。このため，液胞によって，あまり労力をかけずに細胞の体積を“かさ増し”することができると考えられます。

液胞は，植物の生存戦略に合致した細胞小器官といえるでしょう。

なるほど。生きる知恵ですね。

また，液胞の役割はそれだけではありません。

動物細胞の小器官の一つに**リソソーム**があります。リソソームは，不要物を分解する機能をもちます。

液胞も，リソソームと同様の機能があります。つまり植物細胞の場合，液胞がリソソームの役割をにない，細胞内の不要な物質を分解し，袋の中に収納しているのです。

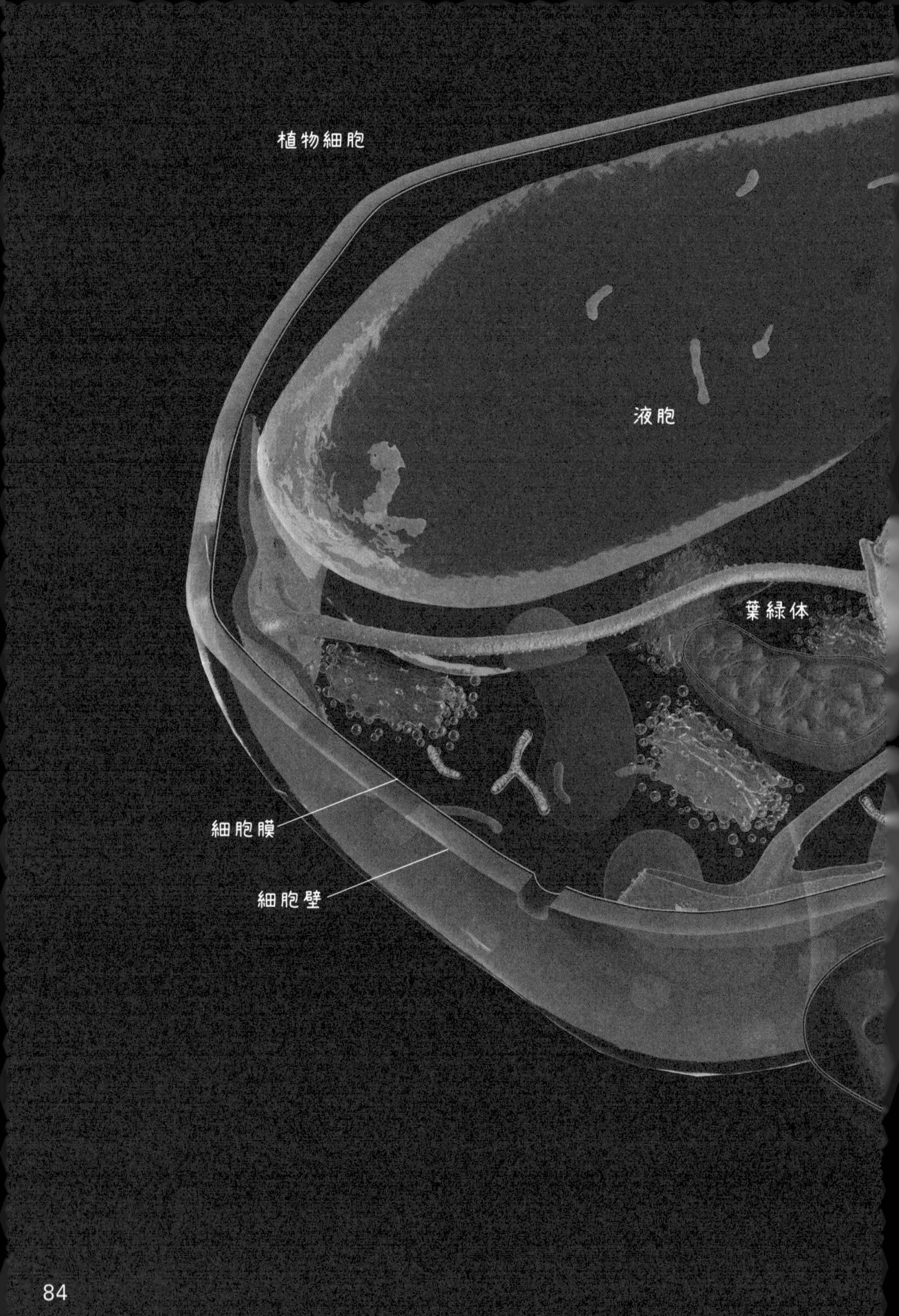
植物細胞
液胞
葉緑体
細胞膜
細胞壁

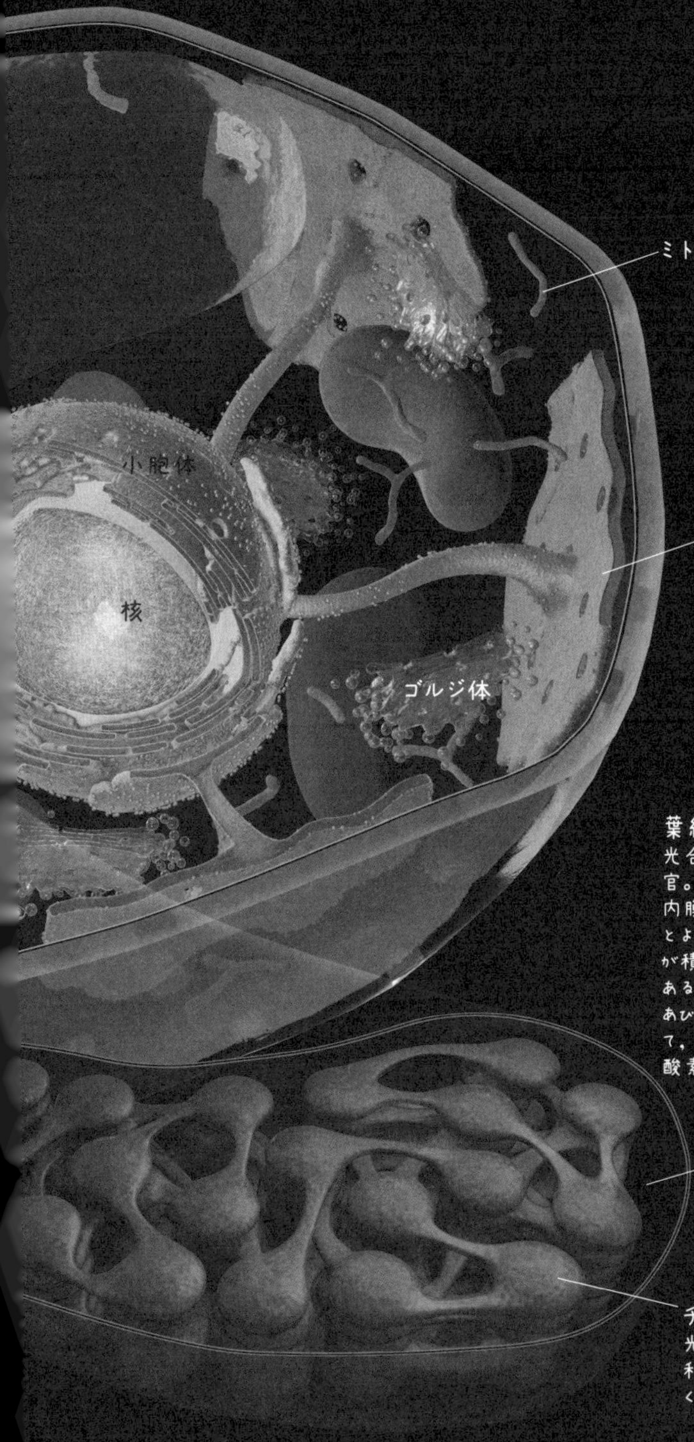

葉緑体（拡大図）
光合成の現場となる細胞小器官。密接した二重の膜（外膜，内膜）の内側に，「チラコイド」とよばれる円盤状につぶれた袋が積み重なった構造（グラナ）がある。チラコイドの表面が光をあびると，光をエネルギー源として，二酸化炭素と水から糖と酸素が合成される。

ストロマ
葉緑体内部の，チラコイドのない空間。ATPを利用して糖を合成する現場。

チラコイド
光のエネルギーを利用してATPをつくる。

二つの細胞が“合体”して，私たちの細胞ができた!?

ここまで真核細胞の構造を見てきました。最後にハッキリとした核をもたない，原核生物の細胞についても見てみましょう。

原核生物は，主に細菌やアーキア（古細菌）などです。**原核生物の細胞は真核生物の細胞とはことなり，DNAが核膜におおわれていない“裸”の状態です。**

また，ミトコンドリアや葉緑体などの細胞小器官もありません。

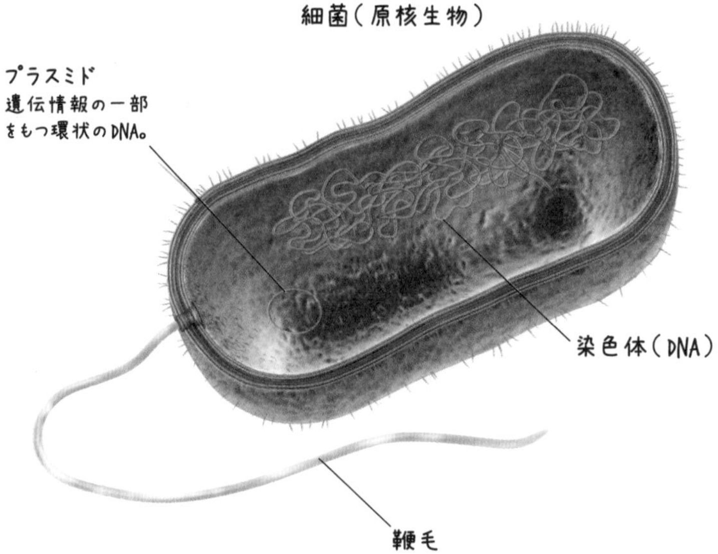

わあ，真核細胞とまったく形がちがいますね！

しかしもとをたどっていくと，実は真核生物の細胞は，太古の原核生物から生まれたと考えられています。
生命の進化の流れを見ると，すべての生物の共通祖先から，まず細菌とアーキアのグループが分岐したようです。
やがて細菌の中に，光合成を行って酸素を生みだすグループ**藍色細菌門（シアノバクテリア）**が登場しました。

光合成をして酸素をつくるなんて，植物と同じですね。

そうですね。
このグループが大繁殖し，数億年の間に地球の大気中の酸素を20％までふやしたといわれています。
こうして酸素のふえた地球では，酸素を使って有機物を分解し，効率よくエネルギーを獲得できる細菌があらわれるようになります。

酸素を使うようになったんですね。

ええ。
そしてこれらの細菌の誕生が，真核生物を誕生させることになったようです。
アメリカの生物学者，**リン・マーグリス**（1938～2011）は，真核生物の細胞は，細菌を自分の内部に取り込むことで進化したという**細胞内共生説**を1967年に発表しました。

細胞内共生説!?

細胞内共生説によると，まず今から20億～10億年前にアーキアが細菌を取り込んだとされています。
取り込まれた細菌は酸素を使って有機物を分解し，エネルギーを獲得する能力をもっていました。

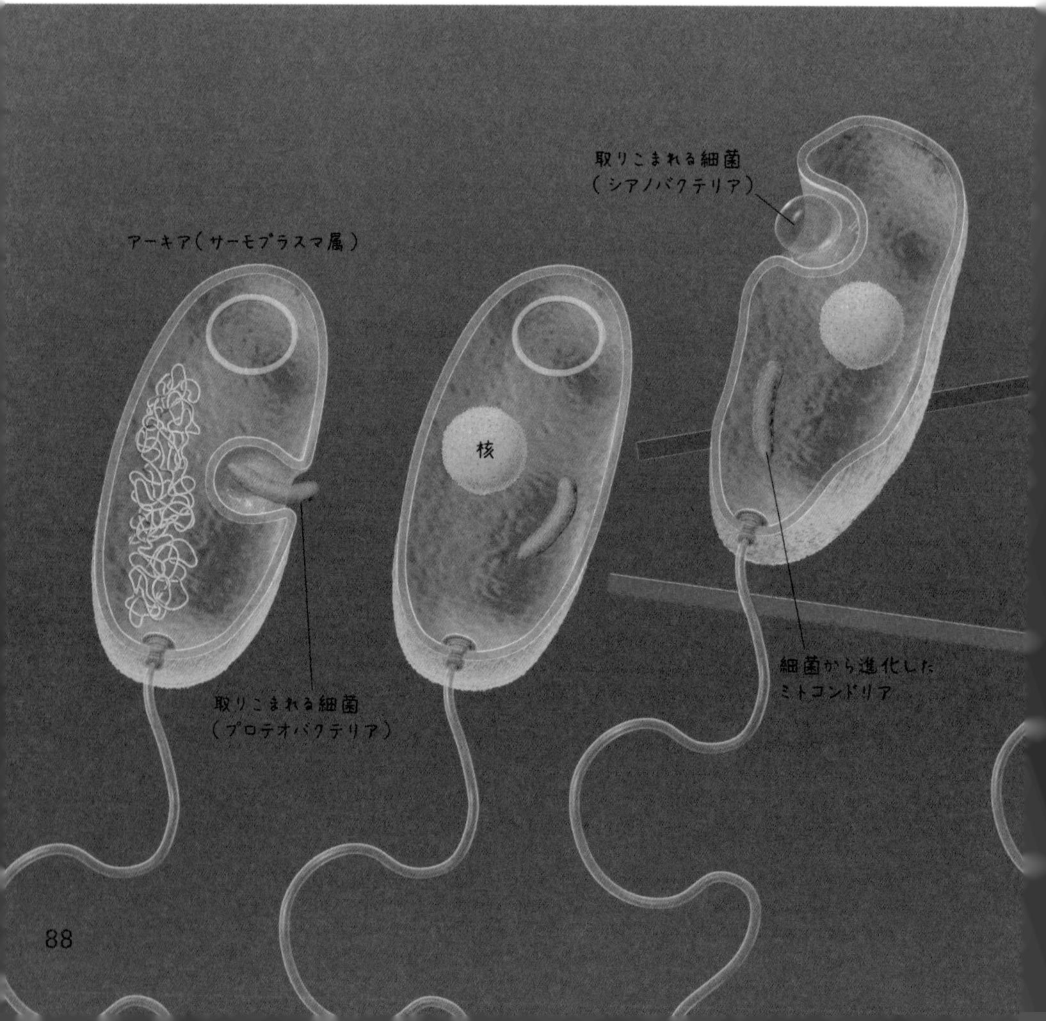

こうしてアーキアは，取り込んだ細菌に効率的にエネルギーを生みだす仕事，つまり「酸素呼吸」をまかせるようになったのです。

面白いですね。

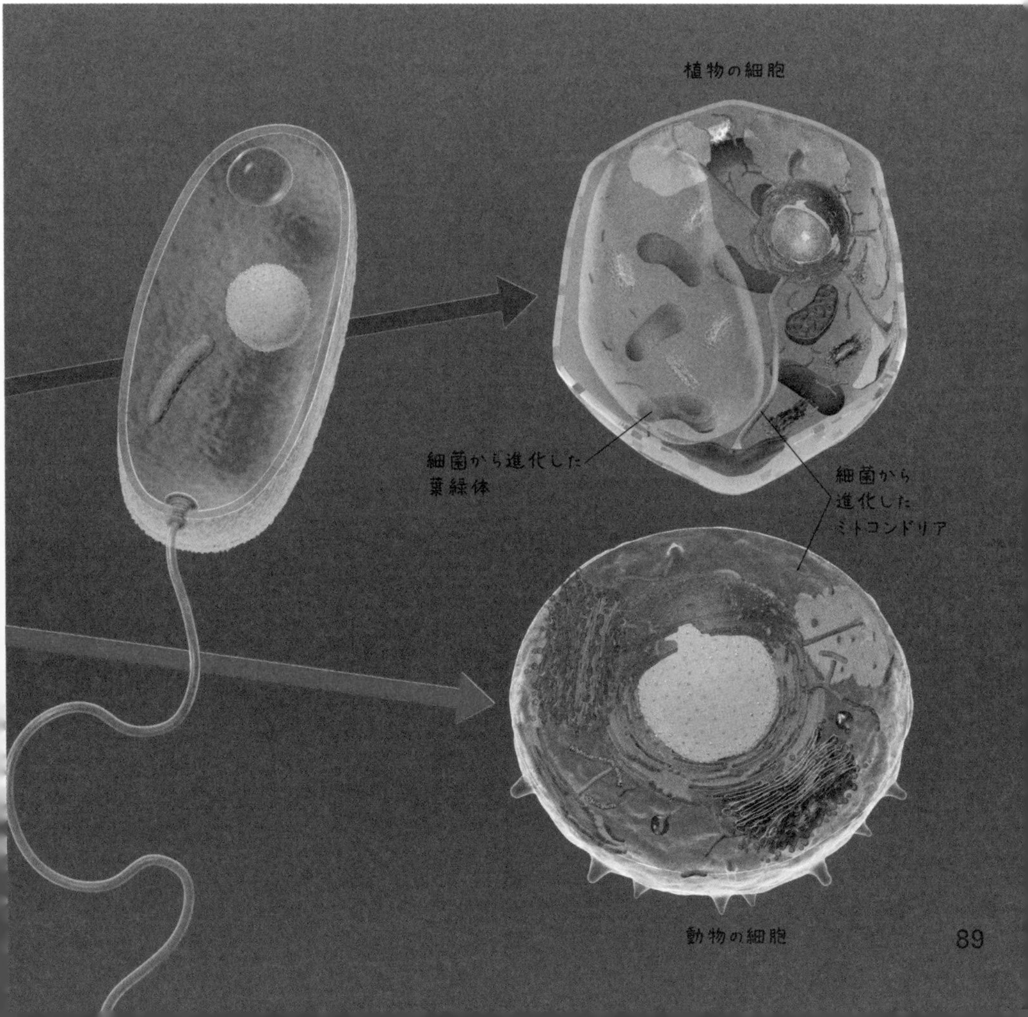

一方，**取り込まれた細菌は，アーキアの体内にいれば栄養が届けられるようになります。こうして，たがいが利益を得る「共生生活」をいとなむようになったというのです。**
この生物はやがて，動物の細胞（真核細胞）となり，**取り込まれた細菌は，細胞内でエネルギーを生むミトコンドリアになりました。**

ミトコンドリアって，もともとは取りこまれた細菌だったんですね！

その後，さらに光合成を行うシアノバクテリアを取り込むものがあらわれました。
こうして，酸素呼吸と光合成を行う生物が誕生し，植物の細胞へと進化しました。そして取り込まれたシアノバクテリアは，葉緑体となったわけです。

取り込んだり取り込まれたりして進化したんですね。

細胞は巨大な化学工場

先生，私たちの細胞って，精巧ですごいものだったんですね。
とんでもない機能をもったさまざまな種類の細胞が37兆個も集まって生命活動が行われているって，よくよく考えたら驚異的なことですよね。

そうでしょう。
単細胞生物の場合は，細胞そのものが一つの生命ですが，ヒトのような多細胞生物の場合は，機能が専門化された個々の細胞が，自己を維持しつつも，たがいに調和しながら全体としてのバランスを保つ必要があります。

細胞のしくみだけでもすごいのに，細胞どうしが調和し合いながらはたらいてるって，奇跡みたいですね。

最後に具体例として，**血糖値**を一定に保つためのシステムを見てみましょう。
血糖値とは，血液中のグルコース(ブドウ糖)の濃度のことです。グルコースは，ミトコンドリアで生物のエネルギー源「ATP」をつくるために必要となる重要な分子で，血液によって体全体の細胞へと常に供給されています。

グルコースの濃度，血糖値を一定にするしくみがあるわけですか。

そうです。食事によって血液中のグルコースの濃度が上がると，**膵臓**の**ランゲルハンス島**という組織にあるβ細胞にグルコースが流入します。
するとβ細胞が，DNAの情報にもとづいて**インスリン**というホルモンを合成し，小胞体，ゴルジ体を介して細胞外へと分泌します。

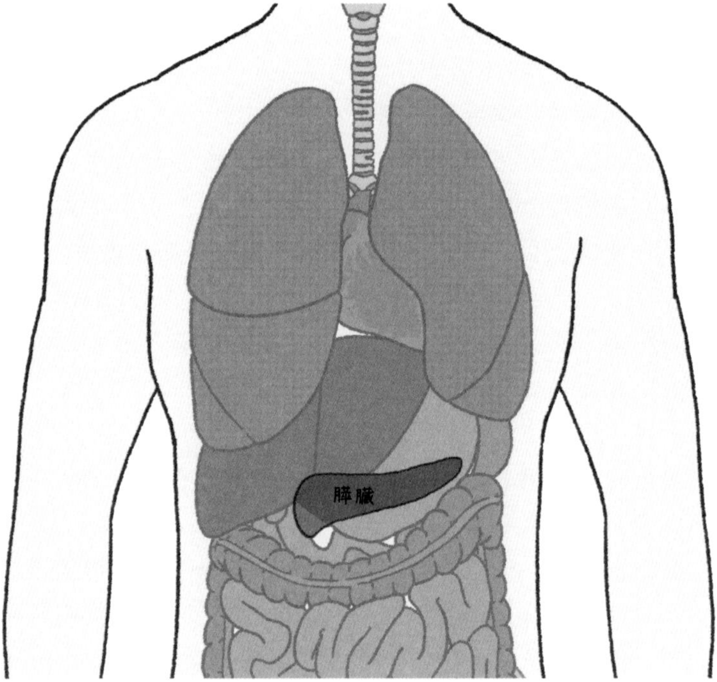

わわ！

分泌されたインスリンは，血流に乗って肝臓や骨格筋などの細胞に届けられます。
肝臓に届けられたインスリンは，肝臓の細胞の細胞膜に埋め込まれた受容体と結合します。
インスリンが結合した受容体は活性化され，これをきっかけに，肝臓の細胞の内部にある複数種のタンパク質が活性化されます。
その結果，肝臓の細胞では，グルコースを代謝する酵素をたくさん合成するよう，核に信号が届けられたり，あるいはグルコースを多数つなげて「グリコーゲン」をつくる酵素が活性化されたりします。

インスリンは肝臓に作用するんですね。

骨格筋（骨を動かす筋肉）でも，肝臓の細胞と同様に，インスリンが受容体に結合することで，グルコースからグリコーゲンを合成する反応が促進されます。
また，インスリンの信号を受けることで，グルコースを取り込むための「輸送体」を詰め込んだ小胞が細胞膜と融合し，細胞の表面でグルコースの取りこみ口がふえていきます。

こうして上昇した血糖値が下げられるわけか……。

ええ。
ただし，血糖値が低すぎるのもいけません。運動や，食後の時間経過によって血糖値が下がった場合には，グルコースを補充しなければなりません。

血液中のグルコース濃度が不足すると，今度は膵臓のランゲルハンス島にあるα細胞が，「グルカゴン」というホルモンを分泌します。

今度はグルカゴンか。

グルカゴンのしくみも，基本的にはインスリンと同じです。グルカゴンは肝臓細胞の細胞膜にある受容体と結合し，信号を伝えます。すると肝臓の細胞内の複数のタンパク質が連続して信号を伝え，最終的には肝臓に貯蔵されていたグリコーゲンを分解してグルコースをつくり，血液中のグルコースの濃度を上昇させるのです。

本当に，細胞どうしが信号を伝えたり，連携したりしながらはたらいているんですねえ。

そうです。このように，人体では，膵臓，肝臓，骨格筋などの細胞が協調し合うことで，血糖値の変動の幅をおさえ，一定に保っているのです。
このような，体の中の環境を一定に保とうとするはたらきを**ホメオスタシス（恒常性の維持）**といいます。

ほめおすたしす……。

今お話しした血糖値の例は，多細胞生物が行っている複雑な生命活動のうちのほんの一例にすぎません。

ヒトの場合，270種類以上，37兆個の細胞が一つの個体をつくっており，個々の細胞が生命活動を維持するだけでなく，たがいに信号をやり取りしながら協調し，バランスを保つことによって，はじめて一つの生命ということができるのです

人体って，すごい！

つきつめて考えれば，すべての生命活動は，細胞が引きおこす化学反応の積み重ねの結果だといえます。細胞の大きさはわずか100分の1ミリメートルほどにすぎませんが，それは“巨大”な化学反応の集合体といえます。

ポイント！

ホメオスタシス

多細胞生物の体内において，細胞のやり取りによって体の中の環境を一定に保とうとするはたらき。

STEP 3

謎に包まれた地球上最初の細胞

細胞は，いつ，どのようにして誕生したのでしょうか？　そもそも最初の生命とはどのようなものだったのでしょう。細胞の誕生，ひいては生命の起源を見てみましょう。

雷が細胞の材料をつくったのかもしれない

大昔にシアノバクテリアが大量発生して地球の酸素をふやしたというお話がありました。
そもそも，細胞はいつ，どうやって生まれたんでしょうか？

最初の細胞がどうやって生まれたのかは，はっきりとはわかっていません。
およそ**46億年前**に太陽が誕生し，それとほぼ同時期に無数の微惑星が衝突・合体して，私たちの地球が誕生しました。地球にはその後も微惑星や隕石が衝突しつづけ，地球環境はしばらくの間，過酷なものだったと考えられています。

そんな状況では，生き物は到底生まれそうにないですね。

ええ，40億年前より以前の地球では，たとえ生命が誕生しても生きのびることはむずかしかったでしょう。

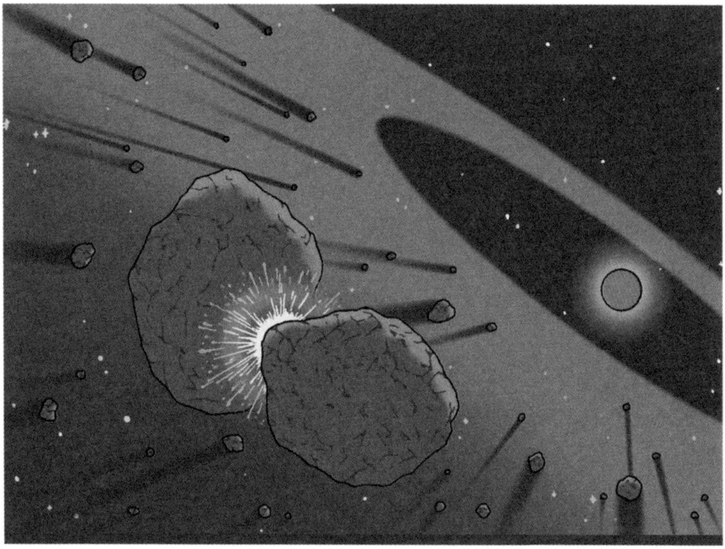

その後，小天体の爆撃がおさまり，ようやくおだやかな環境になったと考えられます。
グリーンランドにある約38億年前の地層には，海水中で冷えて固まったとみられる溶岩が残されています。このことから，この時代にはすでに広大な**海**があったことを意味しています。

「母なる海」ですね。

1999年，デンマーク地質博物館の**ミニック・ロージング博士**が，グリーンランドにある約38億年前の地層に，**黒い粒**を発見しました。

黒い粒？

はい。これは炭素のかたまりだったのです。このかたまりに生命活動に特徴的な証拠が見られることから，ロージング博士は約38億年前の地球には生命が存在していた可能性が高いと主張しています。
また最近，同様の特徴が約39億5000万年前の地層，さらには約41億年前の地層からも発見されたことから，生命の誕生は，40億年前より前までさかのぼるのではないかと考えられています。

当時の生命って，どうやって誕生して，どんな形をしていたんでしょう？

その謎にせまるためには，まず，生命とは何かというお話を少ししておきましょう。
生命の定義は，研究者によってもことなりますが，少なくとも次の三つの特徴をそなえているとされます。
それは，**自己複製と代謝，そして膜によって外界と分けられること，です。**

じこふくせい？　たいしゃ？　まく？

はい。まず自己複製というのは，自分と同じ姿をした子孫をつくりだす機能のことです。すなわち自分自身をコピーできる能力ということですね。
たとえば一つの細胞は，分裂することで二つにふえることができます。これが自己複製です。

なるほど。細胞分裂ということですね。

自己複製

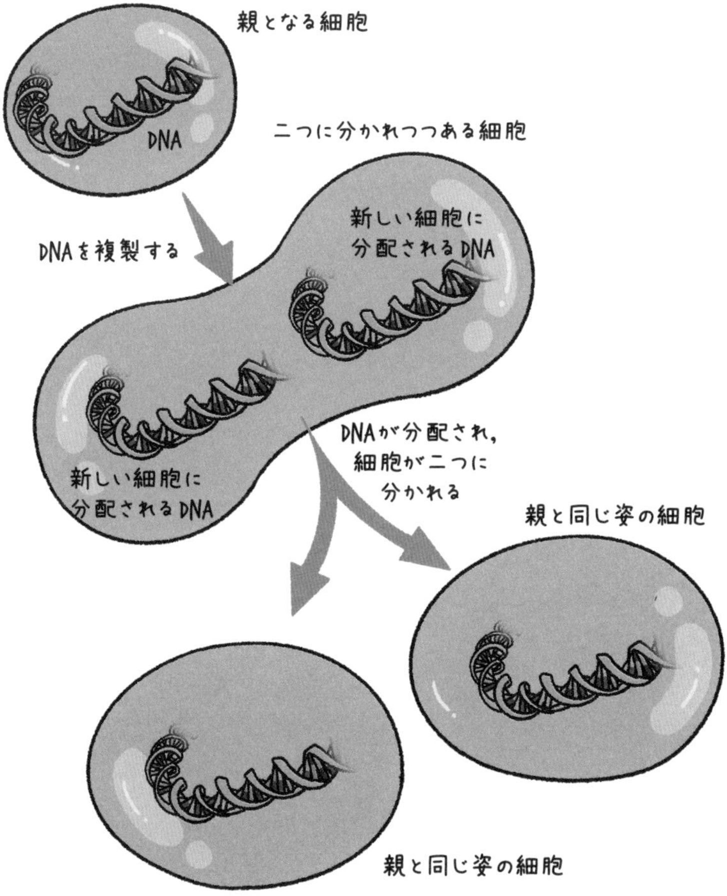
親となる細胞
DNA
二つに分かれつつある細胞
DNAを複製する
新しい細胞に
分配されるDNA
新しい細胞に
分配されるDNA
DNAが分配され,
細胞が二つに
分かれる
親と同じ姿の細胞
親と同じ姿の細胞

そして，生命は食物を取り込み，分解し，そこからエネルギーや体をつくる材料を得ることで，日々体を維持しています。この機能を**代謝**といいます。
代謝とは，さまざまな化学反応の連続ですから，化学反応を促進する装置としてはたらくタンパク質が必要です。おさらいになりますが，このようなタンパク質を**酵素**といいます。

STEP2でお話がありましたね。生命を維持する鍵はタンパク質だと。

そうです。そして，生命には外界と内部を隔てる境界が必要です。これが，すなわち**膜**です。

ポイント!

生命がもつ基本的な機能

- 自己複製……自分のコピーをつくりだす。
- 代謝……食物からエネルギーや体の材料を得て，自分の体を維持する。
- 膜……外界との境界となり，生命の材料を閉じ込める。

代謝

異化

細胞は，食物である糖を取り込み，それを分解して二酸化炭素と水にする。その過程で，さまざまな生命活動に必要なエネルギーを得る。このように，複雑な有機物をより単純な化合物へと分解していく過程からエネルギーを引きだす過程を，生物学では「異化」とよぶ。

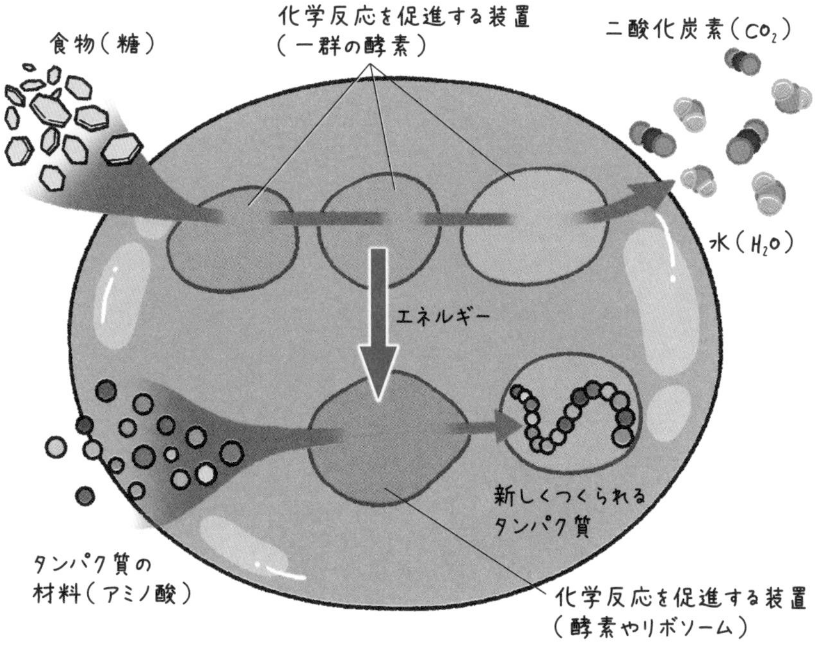

同化

細胞は，異化によって得たエネルギーなどを使って，外から得たアミノ酸をつなげてタンパク質をつくる。このように，エネルギーを消費して，より単純な化合物から自身の体を構成する部品をつくりだすことを生物学では「同化」とよぶ。

生命が，自己複製や代謝といった複雑な機能を実現するためには，DNAやタンパク質，そして細胞を取り囲む膜の成分である脂質などの部品が欠かせません。
これらの部品は，核酸や塩基，アミノ酸などの材料が精巧に組み合わさってつくられており，生命がこれらの分子どうしによるさまざまな化学反応を行うことができるのは，膜によって材料分子を閉じ込められているからでもあるのです。

それにしても，最初の生命はいったいどうやってこんな複雑な構造をつくりあげることができたのでしょう。

ロシアの科学者**アレキサンダー・オパーリン博士**（1894 ～ 1980）は，1924年の著作の中で，生命の誕生が次の**3段階**を経ておきるととなえました。
まず第1段階として，原始地球で大気中のメタンやアンモニアが反応し，**アミノ酸**や**塩基**などがつくられます。

細胞の材料ですね！　はじめに生命に必要な“部品の材料”がつくられたわけですか。

そうですね。続いて第2段階では，アミノ酸や塩基から**タンパク質**や**核酸**がつくられ，海の中にたまっていきます。これは**原始スープ**とよばれているんですよ。

“スープ”ですか。あまりおいしくはなさそうですが……。

生命をつくる主な部品

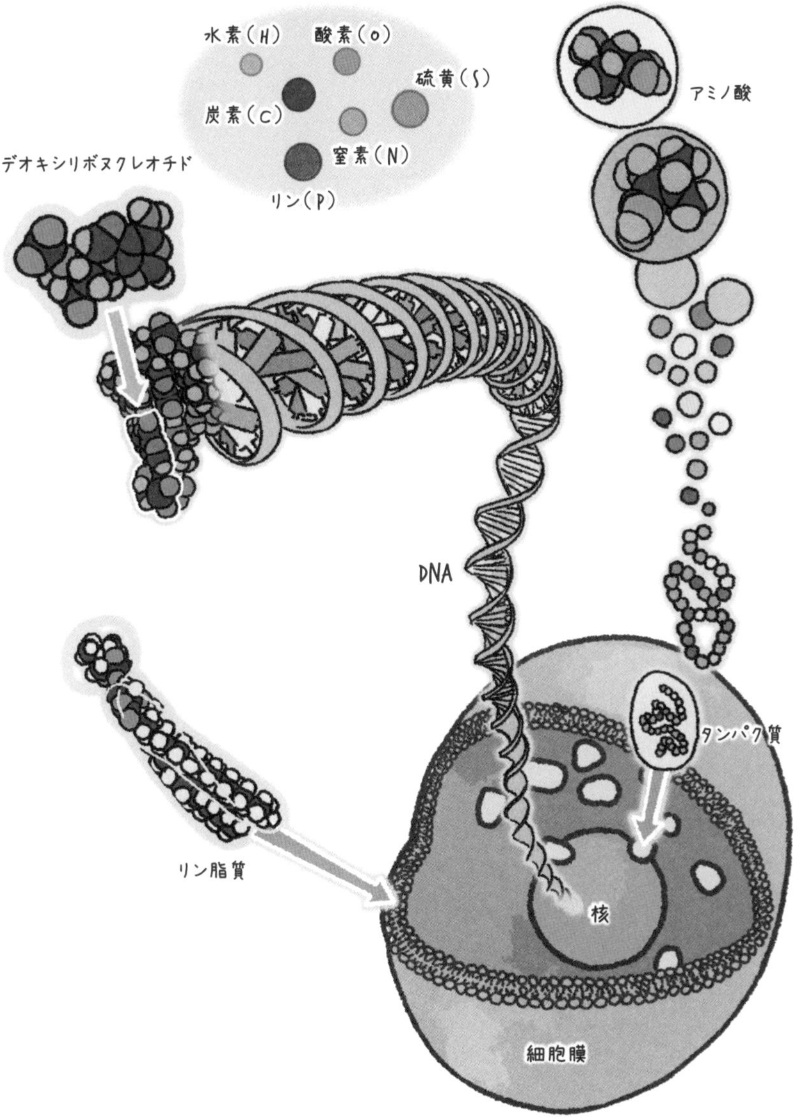
水素(H)
酸素(O)
硫黄(S)
炭素(C)
窒素(N)
リン(P)
デオキシリボヌクレオチド
アミノ酸
DNA
タンパク質
リン脂質
核
細胞膜

ハハハ！
そして第3段階では，タンパク質や核酸を包む**原始細胞**ができ，その中で複雑な化学反応（代謝）を開始します。これが最初の生命となったというのです。
オパーリンのこのような考えは，**化学進化**とよばれます。

なるほど〜。

ところがこの考えはすぐには受け入れられませんでした。なぜなら当時，アミノ酸などの化合物は生物だけがつくることのできる特別な物質だと考えられていたからです。

生物がいないから生物の材料がつくれないということですね。ふむふむ……って，じゃあ，生物の誕生しようがないじゃないですか!?

そうなんですよ。その状況を一変させたのが，カリフォルニア大学教授の**スタンリー・ミラー博士**（1930〜2007）です。
1953年，ミラー博士は，メタン，アンモニア，水蒸気で満たしたフラスコの中で水蒸気を循環させ，放電をくりかえしました。
つまり，当時の想定にもとづいて原始地球の大気をフラスコの中に再現し，その中で**雷**を発生させつづけたわけです。

雷，ですか!?

はい。原始地球では，大量の落雷による放電が化学反応の引き金となり，生命のもととなる物質が合成されたのではないかと考えられているのです。

大量の落雷ですか……。お，おそろしいですね。
それで，フラスコの中はどうなったのですか!?

何日かすると，フラスコの底には，グリシンやアラニンなどのアミノ酸や，塩基などが徐々にたまっていきました。つまり，オパーリンのいう，単純な化合物から複雑な化合物への進化が再現されたわけですね。
こうして，生命の起源を科学的に研究する道が開かれたのです。

すごい！　太古の地球の大気と雷から，生物の材料がつくられたかもしれないんですね！

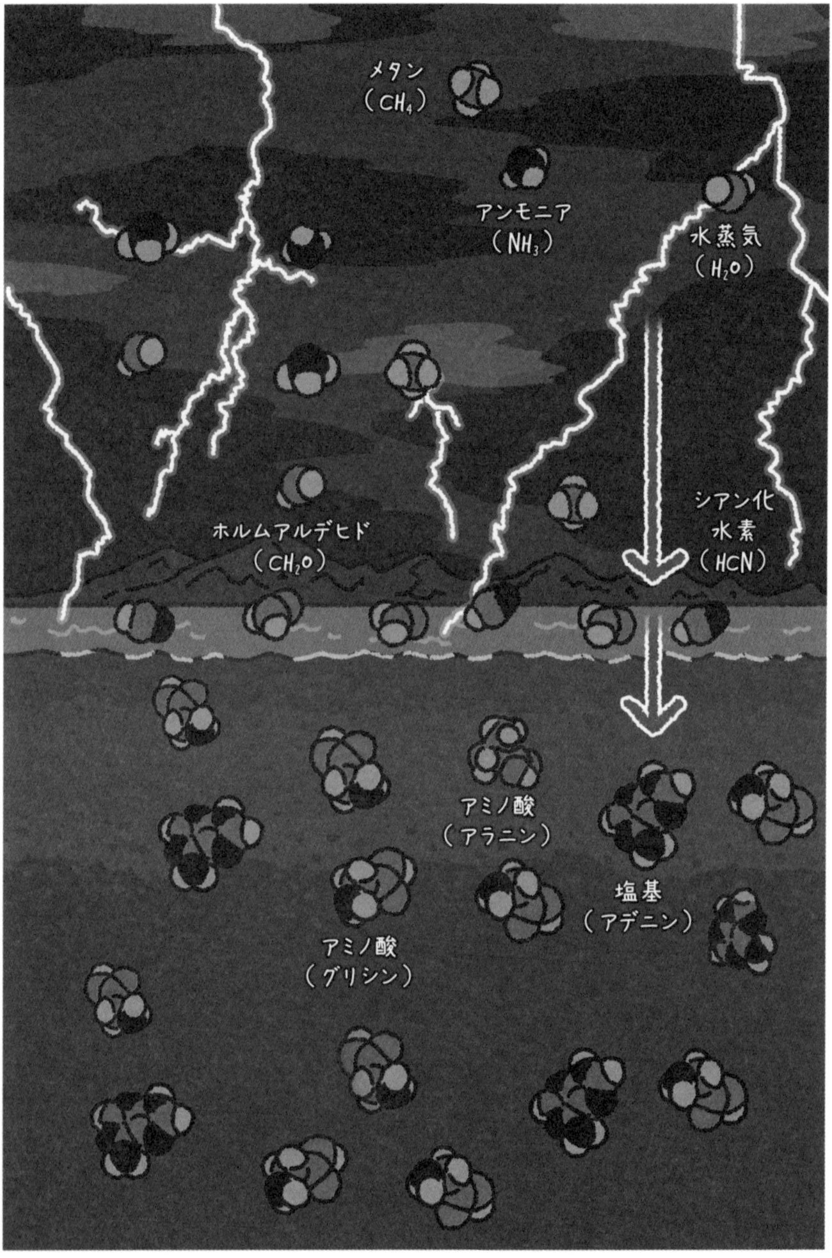
メタン
（CH_4）
アンモニア
（NH_3）
水蒸気
（H_2O）
ホルムアルデヒド
（CH_2O）
シアン化
水素
（HCN）
アミノ酸
（アラニン）
塩基
（アデニン）
アミノ酸
（グリシン）

細胞の材料は宇宙からも飛来したようだ

一方で，生命の材料は地球で合成されただけでなく，宇宙からもやってきたことがわかっています。

う，宇宙!?
こりゃまたスケールが大きくなりましたね。

1969年9月28日，オーストラリア南東部の小さな町，マーチソンに，多量の隕石が落ちました。この，通称**マーチソン隕石**を分析した結果，その中にアミノ酸が含まれていることがわかったんです。

宇宙から落ちてきた隕石に，アミノ酸が？

はい。このアミノ酸は，地球上のものが混入したわけではないことも確認されました。また，アミノ酸だけではなく，塩基やカルボン酸などの有機物も見つかったのです。
この**事件**によって，生命の材料が隕石に乗って大量に供給された可能性が指摘されるようになったのです。

また，1986年にも，地球に近づいた**ハレー彗星**の組成が探査機によって直接調べられ，そこにも**シアン化水素**などのほか，**芳香族**という複雑な有機物のグループが含まれていることがわかりました。

ハレー彗星，父から聞いたことあります。父が高校生くらいのときで，当時テレビのニュースでも取り上げられて，ものすごく話題になったって聞きました。

このほかにも，2006年には，NASAの探査機**スターダスト**によって採取された**ヴィルト第2彗星**の試料を調べたところ，この彗星にも芳香族を含む多様な有機物が含まれていることが確認されたのです。

むむむ……。先生，さっき，「地球が誕生した当時，惑星や隕石が衝突し続けた時代があった」というお話がありましたよね。そうか，ということは，隕石によって，有機物が大量にもたらされた可能性が高いということですね。

その通りです。**生命が誕生する前の地球でも，有機物を含んだ隕石や彗星が地球に衝突し，有機物を豊富に供給したのではないかと考えられています。**

なぜ彗星は有機物をたくさん含んでいるんでしょうか？

有機物は，もともとちりが濃く集まった宇宙の**暗黒星雲**に存在していたのではないかと考えられています。

暗黒星雲!?

はい。暗黒星雲とは，星と星の間にただよう，水素ガスや炭素のちりなどが集まり，雲のように見える天体のことです。光を発していないので，背後に恒星があると，その光の中で黒い影のように浮かび上がって見えるので，暗黒星雲というんです。

なるほど。なぜ，複雑な有機物が暗黒星雲に存在していたんですか？

暗黒星雲は非常に低温で，水や一酸化炭素，アンモニアなどを成分とする氷が，暗黒星雲に含まれるちりをとりまいていると考えられています。
この氷に，宇宙空間を飛び交っている宇宙線や紫外線などのエネルギーがあたえられると，アミノ酸を含む有機物がつくられる可能性があるのです。

ほぉ〜。

太陽系は暗黒星雲の中で誕生したと考えられています。**生まれたばかりの太陽のまわりで，ちりが集まって彗星や隕石などになり，原始の地球に降りそそいだ可能性があるのです。**

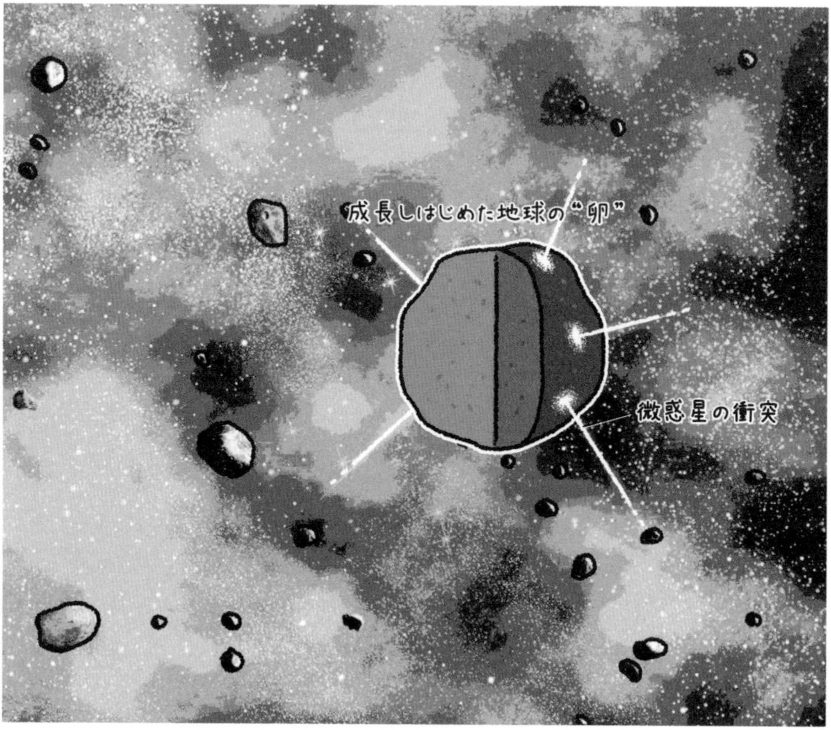

壮大なストーリーですね……。
生命の材料は“地球産”と“宇宙産”の両方があるんですね。

細胞誕生の最有力候補は，海の底

生命の素材がどこからもたらされたのかはわかりました。じゃあ，最初の生命はどこでどのようにして生まれたんでしょう？

最初の生命が誕生した場所は**海の中**であると考えられています。
前にもお話ししたように，生命現象はさまざまな化学反応の組み合わせでおきます。そのため，生命は化学物質を溶かし込む**水**は欠かせないものです。
実際，私たちの細胞と海水の成分はよく似ています。これも海が**生命の母**であることを物語っています。

たしかに“海は命のゆりかご”とかいいますよね。
でも，どうやって海の中から生命が生まれたんですか？

有力な候補地として考えられているのは，海の底にある**熱水噴出孔**《ねっすいふんしゅつこう》です。
熱水噴出孔とは，マグマで温められた熱水が海底から噴きだす場所で，ここでは，海底にしみ込んだ水が地熱によって熱せられ，約350～400℃の熱水となって噴きだしています。

熱っ！
な，何だか激しいですね。
“ゆりかご”のイメージからはほど遠い感じですけれども……。

そうですね。また，熱水だけではなく，さまざまな物質も噴きだしており，それが噴出孔のまわりに積もることで煙突のような構造となっています。
この煙突構造のことを**チムニー**といいます。

海底に煙突があるなんて！
こんなものが大昔の海底にあったんですねえ。

熱水噴出孔は現在でもあるんですよ。
1977年に，アメリカの潜水艦**アルビン号**がガラパゴス諸島沖の海底で発見して以来，熱水噴出孔は世界各地の海底で見つかっています。

今でもあるんですね～。

噴きだす熱水には，**硫化鉄**などのさまざまな**鉱物**が混ざっています。
それらの物質が混ざった熱水は黒い煙のように見えることもあり，そのような熱水噴出孔は**ブラックスモーカー**ともよばれています。
また，鉱物のほかにも，**メタン**や**アンモニア**などが含まれています。

何だか生命のニオイが感じられませんが……。
しかもとんでもなく熱いですし……。ここからどうやって生命が生まれるんでしょうか？

まず，熱水噴出孔から噴きだす熱水は，さまざまな化学反応をおこす**エネルギー源**となりえます。
しかも熱水にはメタンやアンモニアなど，複雑な有機物の材料となる物質が豊富に含まれます。また，熱水噴出孔の付近には，代謝に必要な金属イオンも豊富にあります。

生命誕生に都合のよい条件がそろっているということなんですね。なるほど。
ちなみに，熱水って約350～400℃もあるんですよね。生命が誕生するには高温すぎるのでは？　てか，沸騰しないんですか？

熱水噴出孔は海の中といっても深海の底にあるので，高い水圧のために水は沸騰しづらくなり，100℃以上の熱水が存在できます。
たしかに，約350℃に達する熱水ではDNAやタンパク質のような複雑な有機物は存在できません。しかし，その周囲にはより低い温度の温水が噴きでていることがあります。また，熱水が海水とまざり合うことで温度は下がります。このような場所で複雑な有機物をつくるさまざまな化学反応がおきた可能性があります。

最初の細胞は，単なる膜のカプセルだった

最初の生命って，どんな生物だったんでしょう？　ミジンコとかアメーバみたいなものですかね？

いえいえ，最初の生命はもっとずっとシンプルなものだったはずです。
そもそもアミノ酸や塩基といった生命の材料がそろったとしても，そう簡単に生命は誕生しないでしょう。生命の誕生にはまず，外界と膜で隔てられた細胞が必要です。

細胞か！

はい。生命現象には，活発な化学反応が必要です。しかし，生命の材料となる分子をいくら用意しても，大量の水があるところでは分子が散らばってしまい，これでは活発な化学反応はおきないはずです。
つまり，生命の誕生には，材料の分子を閉じ込めて高濃度に濃縮する必要があったはずなんです。

なるほど～。生命の材料を閉じこめておかないといけないんですね。

そうです。
はじめに膜のカプセルができ，その中で化学反応が活発になり，生命現象をいとなむ**原始の細胞**が誕生したと考えられています。

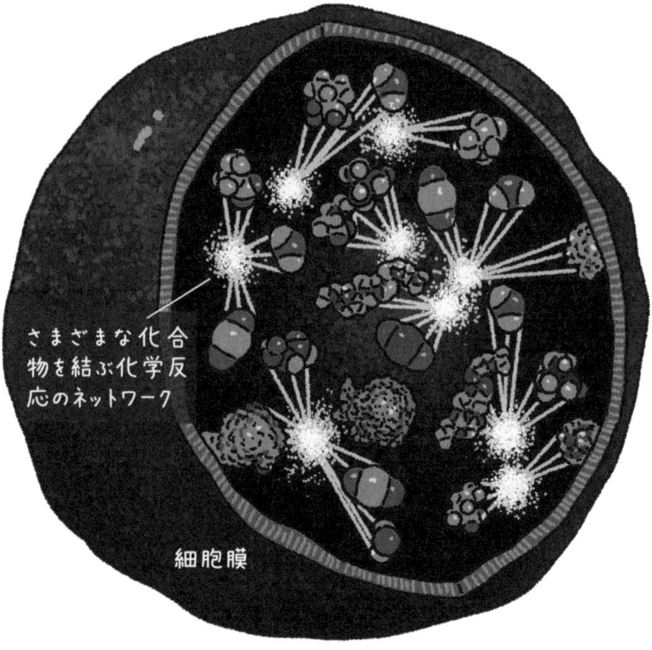

じゃあ，膜のカプセルはどうやってできたのでしょうか？

STEP2でお話ししましたが，現在の生物がもつ細胞膜は，リン脂質という分子が集まってできています。
しかし，リン脂質は何らかの触媒がないかぎり，自然につくられるのがむずかしい有機物です。
ですから，タンパク質でできた膜が最初だと考える研究者もいれば，いや，やはりリン脂質の膜が最初だとする研究者もいて，現在さまざまな説が出されているところなのです。

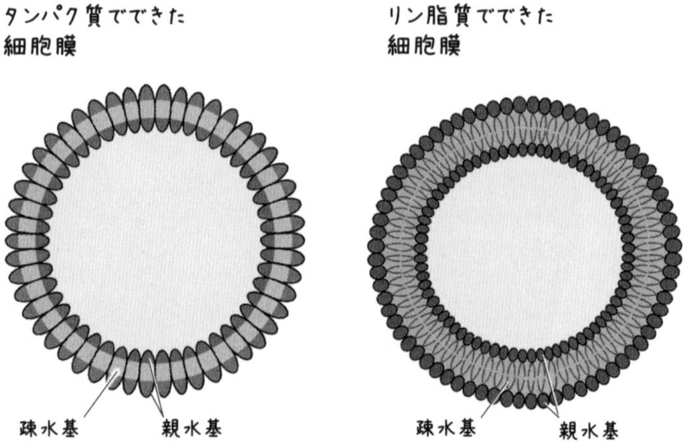

ううむ……。

化学進化をとなえたオパーリン博士は，リン脂質やタンパク質などを材料に，**コアセルベート**とよばれる微小な球体を実験的につくってみせ，これが細胞の原型であると主張しています。

設計図と装置，どちらが先？

はっきりとわかってはいないものの，このように，最初の生命は，膜で包まれたカプセルのような形で生まれたと考えられています。
しかし，実はある大きな**謎**が残されています。

ど，どんな謎ですか。ドキドキ……。

それは，**「どんな分子が生命誕生に最も重要なはたらきをしたのか？」**という謎です。

へ？　どういうことです？

生命の基本的な機能として，膜のほかに，自己複製と代謝がポイントだとお話ししました。たとえば私たちの細胞は，DNAをコピーして子の細胞に渡すことで自己複製を実現しています。

一方代謝は，タンパク質が化学反応を促進することで行われています。そしてこのタンパク質は，生命の設計図であるDNAをもとにつくられます。

生命にはDNAとタンパク質がすごく重要なんですよね。

そうです。でも，最初の生命を考える場合，ある問題につきあたります。
自己複製のためにはDNAが必要です。しかしDNAだけでは化学反応を促進できないので，DNAをコピーすることができません。ですから，DNAは最初の生命にはなれなさそうです。

ふむ。

一方，タンパク質は化学反応を促進することができます。ところが，タンパク質だけでは遺伝情報を保持できないので，自己複製を行うことはできません。
つまり，DNAとタンパク質はどちらも生命に欠かせない分子なのに，DNAをつくるにはタンパク質が必要で，逆にタンパク質をつくるには設計図であるDNAが必要なんです。

ニワトリが先か？　卵が先か？　ってことですね。

まさにその通りです。
どちらも単独には地球上に出現しそうにないのです。これが生命の起源を探る研究者たちを長らく悩ませています。

うーむ。どっちなんだろう？

実はこの問題をのりこえる鍵として，タンパク質でもDNAでもない**第3の分子**が考えられています。
それが**RNA**（リボ核酸）です。

タンパク質をつくるときに活躍するRNAですね！
RNAがなぜ問題解決の鍵になるんですか!?

1980年代のはじめ，コロラド大学の**トマス・チェック博士**とエール大学の**シドニー・アルトマン博士**（1939～2022）が，ある発見をしたのです。
なんと，化学反応を促進することのできるRNA，**リボザイム**（ribozyme）を見つけたのです。

リボザイム？

はい。RNAの正式名称はリボ核酸（ribonucleic acid）といいますよね。リボザイムは，化学反応を促進するタンパク質である酵素（エンザイム：enzyme）とリボ核酸とを組み合わせた造語なんです。

“酵素みたいなリボ核酸”ってことですか。

その通りです。このリボザイムの発見は，RNAが，ニワトリと卵の両方の役割をかねそなえた**万能分子**であることを意味していたのです。

万能分子？　どういうことですか？

DNAとよく似た分子であるRNAは，DNAと同様に遺伝情報をもつことができます。また同時に，タンパク質のように立体構造をとり，化学反応を促進する機能をもつこともできるんです。

すごい！
二刀流じゃないですか！

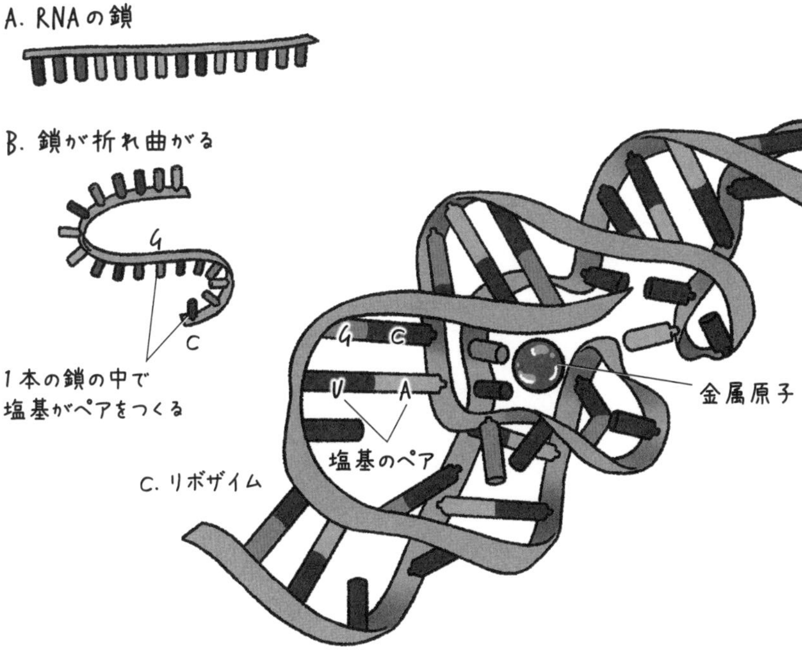

そうなんですよ。
これをもとに，ハーバード大学の**ウォルター・ギルバート博士**が1986年にとなえたのが，**RNAワールド仮説**です。
この仮説によると，まず原始地球で，DNAやタンパク質より先にRNAが出現します。その中から，自己を複製できるリボザイムがあらわれ，RNAからなる生命世界RNAワールドが出現したというんです。

ポイント！

RNAワールド仮説

原始地球で，DNAやタンパク質より先にRNAが出現し，その中から，自己を複製できるリボザイムがあらわれ，RNAからなる生命世界RNAワールドが出現した。

なるほど。

RNAは，遅れて登場したタンパク質に化学反応を促進する機能をゆずり，さらに遅れて登場したDNAに遺伝子としての機能をゆずって，現在の生命へと進化したというわけです。

面白いですね！
はじめからDNAやタンパク質の世界があったわけでなくて，RNAの世界がワンクッションあったというわけですか。

そうです。ただし，RNAから生命がはじまるには，多彩なリボザイムが出現する必要があります。

RNAワールド仮説

1. 自己複製するリボザイムが出現した

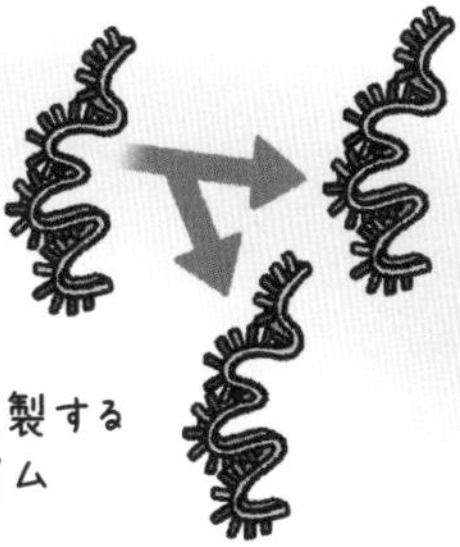

2. タンパク質を獲得した
タンパク質の合成反応を促進するリボザイムが出現した。

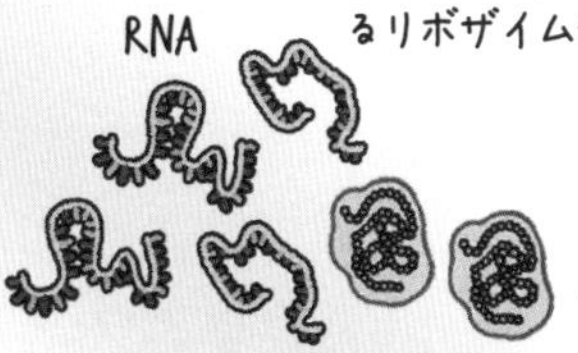

3. 細胞膜を獲得した
細胞にはRNAのほかにタンパク質が含まれるようになった。リボザイムとタンパク質の混ざったものを液滴と呼ぶ。

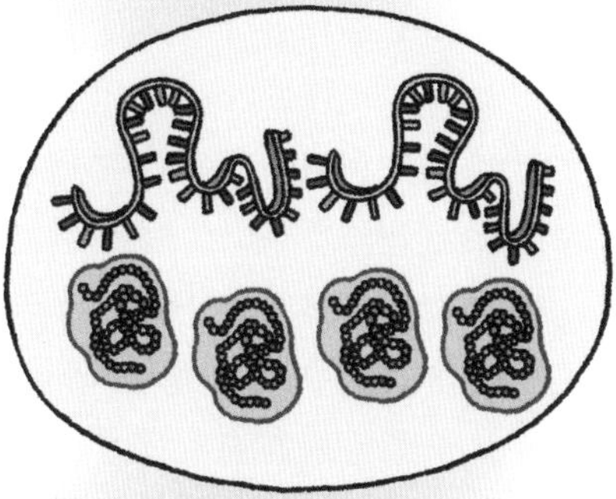

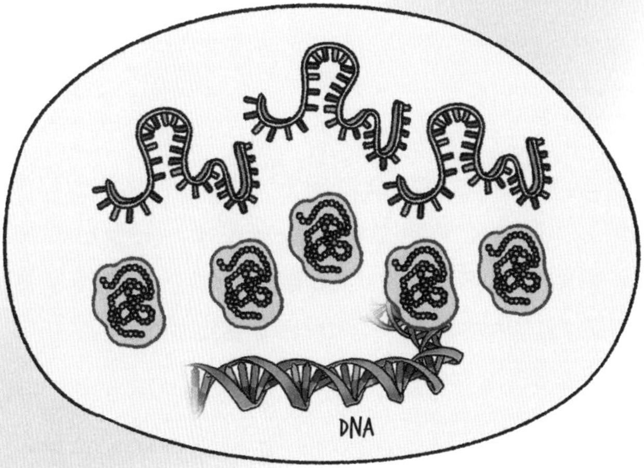

4. DNAを獲得した
細胞がDNAを合成できるようになった。やがてRNAは，より安定な分子であるDNAに，遺伝情報を保持する機能をゆずった。

そのため，1990年代以降，試験管の中でランダムにつくられたRNAを急速に進化させる実験が行われており，実際に多彩な機能をもつリボザイムが出現することが示されています。
また2022年にはリボザイムがアミノ酸をつなげてタンパク質をつくることが試験管内の実験で証明されました。

RNAから生命がはじまった可能性が高まったんですね。

このRNAワールド仮説は，多くの研究者に支持されています。でも一方で，生命はRNAではなく，タンパク質からはじまったとする説もあるんですよ。

でも，タンパク質だけでは自己複製できないですよね？

そうなんですが，RNAは非常に洗練された分子なので，それが自然につくられるには複雑すぎるのではないか，という考えもあるんです。

むむ……。また振り出しにもどっちゃった感がありますね。

RNAの鎖をつくる基本ユニットであるリボヌクレオチドは，アミノ酸にくらべて複雑な分子で，ミラーの実験やそれに類似する実験において自然合成された例はありません。また，リボヌクレオチドを含む隕石の例もこれまでにないんです。

なるほど。

それに対して，タンパク質の鎖をつくる基本ユニットであるアミノ酸は，リボヌクレオチドにくらべて構造が簡単です。
とくに，アミノ酸の中でも構造が単純なグリシン，アラニン，アスパラギン酸，バリンの４種類は，ミラーの実験やそれに類似する実験で，無機物から容易に合成されることがわかっています。
また，隕石にこれらのアミノ酸が含まれる例も知られています。

ということは，タンパク質はRNAにくらべて地球上にたくさん存在していた可能性が高いということか……。

そういうことになります。
そこで，先ほどお話しした４種類のアミノ酸を材料にしてつくられたタンパク質ワールドが，RNAやDNAより前に出現したのではないかという**GADV仮説**というものも提案されているんです。

でも，DNAやRNAという設計図がないのに，タンパク質はつくられるんですか？

グリシン，アラニン，アスパラギン酸，バリンの４種類のアミノ酸を含む水溶液をくりかえし蒸発させると，４種類のアミノ酸が中心となってランダムに結合しただけのタンパク質ができます。このようなタンパク質でも，わずかながらタンパク質の分解反応を触媒できることがたしかめられているのです。

ポイント！

GADV仮説

4種類のアミノ酸（グリシン，アラニン，アスパラギン酸，バリン）を材料にしてつくられたタンパク質ワールドが，RNAやDNAより前に出現した。

生命の誕生には，設計図を必要とするような複雑なタンパク質でなく，4種のアミノ酸がランダムにつながったシンプルなタンパク質で十分だったのかもしれません。

RNAワールドか，はたまたタンパク質ワールドだったのか……。原始の生命はどっちだったんでしょうねえ。

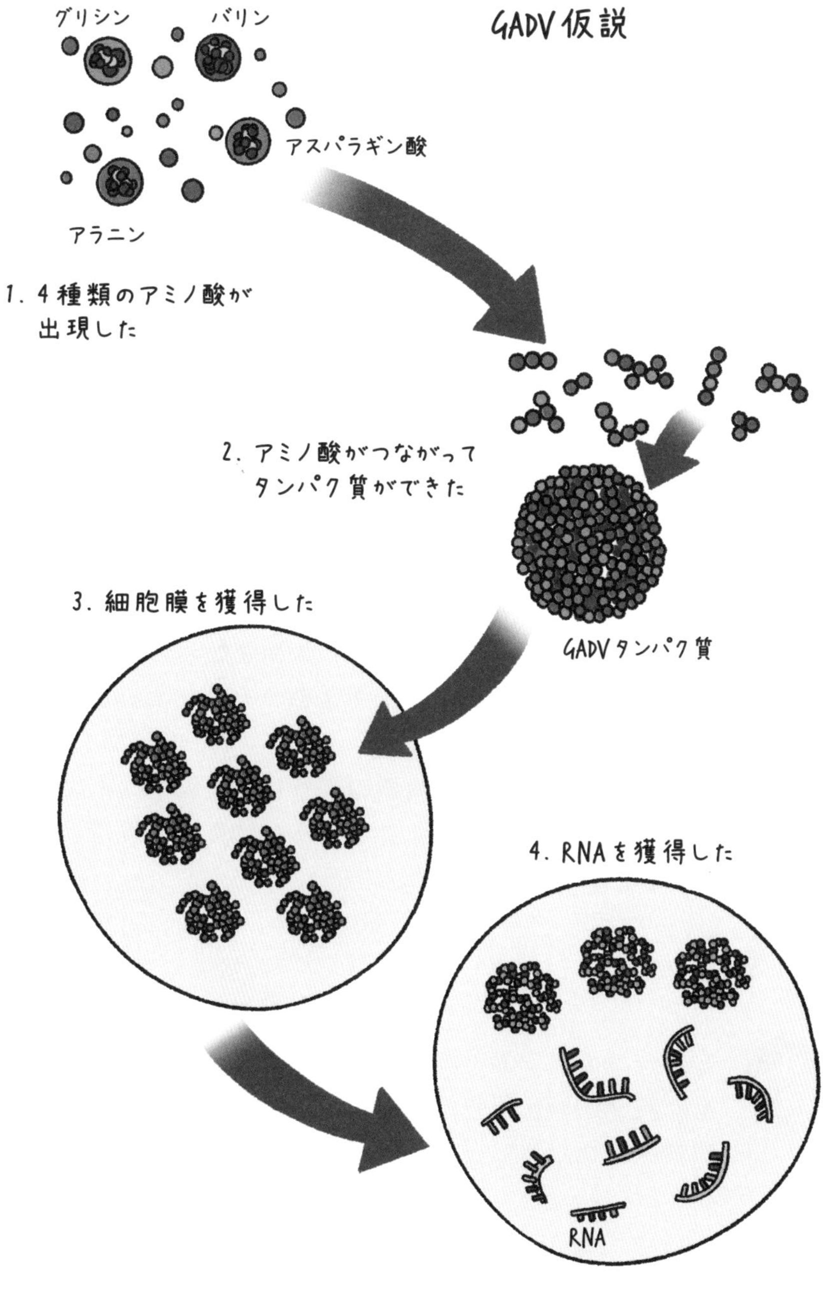
GADV仮説
グリシン
バリン
アスパラギン酸
アラニン
1. 4種類のアミノ酸が出現した
2. アミノ酸がつながってタンパク質ができた
GADVタンパク質
3. 細胞膜を獲得した
4. RNAを獲得した
RNA

最初の細胞はいまだ謎に包まれている

このように，最初の生命はRNAから生じたのか，それとも別の分子から生まれたのか，その決着はまだついていません。まだまだ生命の誕生については謎に包まれているといえるでしょう。

でも，40億年も前のことがここまでわかっているなんて，すごいですね。いったいどうやって，そんな昔の生命の誕生についてわかるんでしょうか？

生命の起源を探る研究には，主に二つのアプローチがあります。

まず一つは，化学進化によって無機物からどのような有機物が生じ，どのような生命体をつくりだすのかを検証するアプローチです。

たとえばミラー博士の実験のように，実験室で太古の地球の環境を再現して，そこでどんな物質ができるのかを調べるといった方法です。

ふむふむ。

もう一つのアプローチは，現在の生物の祖先をたどり，その**共通の祖先**や，さらに原始的な生命の姿を探るアプローチです。

この二つのアプローチの研究がどこかでぶつかれば，生命の起源の謎が解けるかもしれません。
しかし現在は，両者の間にはまだまだギャップがあるといわざるをえない状況です。

生命の起源を解き明かすのは容易ではないんですね。

ええ。もう少し別のアプローチも必要なのかもしれませんね。たとえば，宇宙生命探査で**第2の生命**を見つけることなどです。
というのも，木星の衛星エウロパや，土星の衛星エンケラドゥスなどには，液体の水が豊富に存在しているようで，第2の生命がいる可能性は否定できないのです。

おおっ！　SFみたいになってきましたね！

また，生命自体ではなく，生命が誕生する直前の状態にある分子が見つかれば，生命の起源を知るうえではきわめて重要な情報となります。

なるほど……。でもどちらも大変そうなのには変わりませんね。

わからないことがあった方が，想像する楽しみが増えてワクワクします。

DNAの情報をたどって，共通祖先を探る

全部の生物の共通の祖先って，どんなやつだったんでしょうか？　共通祖先を探るアプローチについて，もう少し教えてください。

私たちの祖先は，約1億年前は，**夜行性の哺乳類**でした。
さらに約4億年前は海中で暮らす**魚類**であり，約6億年前は単純な構造の**多細胞動物**でした。
そして約20億年前は，酸素呼吸をはじめたばかりの，ちっぽけな**単細胞動物**だったんです。

ちっぽけな単細胞生物が進化して，知能をもった人類になったなんてすごい！

生物がみんな細胞でできているのはわかるとしても，すべての生物が共通した祖先から進化したなんて本当なんですか？　実は現在の生物たちの最初の祖先はたくさんいるんじゃないんですか？

現在のすべての生物は細胞でできているだけではなく，生物種によらず，細胞は遺伝情報を記録したDNAやタンパク質，脂質の膜などの**共通の部品**を使っています。
ですから，生命が別個に誕生したとはちょっと考えづらく，地球の生命が共通の祖先からはじまったと考えるのが自然なのです。

なるほど。

祖先の生物にせまるには，現在生きている生物の中で，祖先の姿をよく残していると思われる生物を探していくのが一番確実です。
そこで役立つのが，生物の**系統樹**です。

系統樹って，教科書や図鑑なんかで見かける，いくつも枝分かれしている図のことですか？

ええ。系統樹は，種どうしをくらべて，ある種と別のある種がいつ分岐したかを“家系図”のようにあらわしたものです。
系統樹は，骨格などの生物の形態を比較してつくる伝統的な方法のほかに，最近では生物の遺伝情報を記録しているDNAを比較してつくる方法が主流です。

この系統樹の根に近い生物を探れば，かつての共通の祖先がどんな生物だったかが推測できるはずです。

じゃあ，系統樹の根っこに近い生物を見ていけばいいわけですね。どんな生物がいるんだろう？

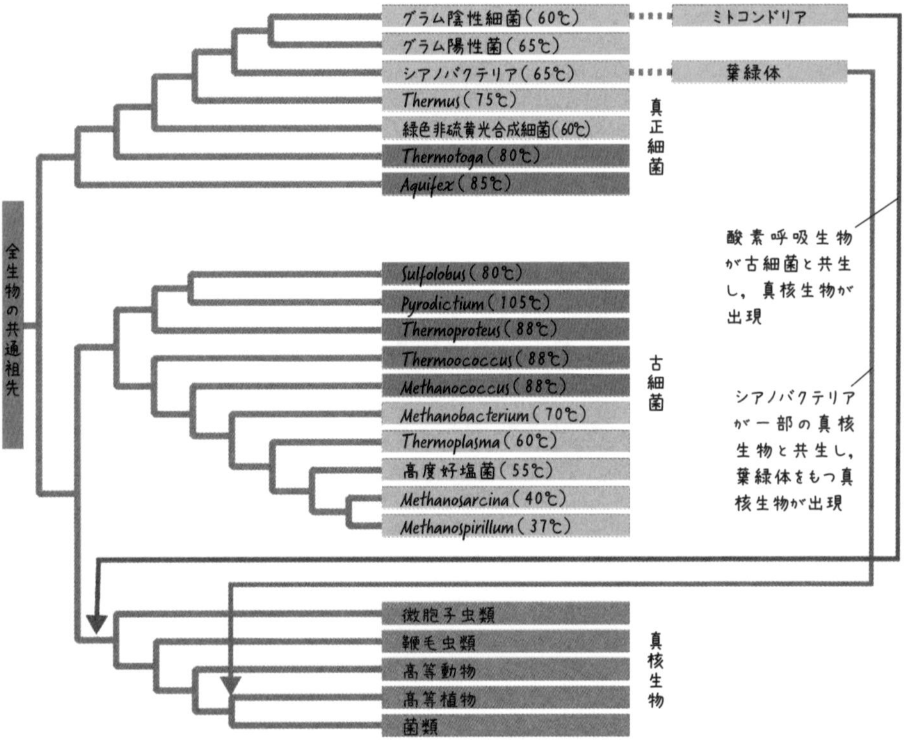

共通祖先に近いと考えられる微生物ほど，熱水環境を好むものが多いようです。
中には熱湯が「適温」という微生物すら存在するんですよ。

熱湯が適温って！　あれ，ちょっとまって，熱水……？
あっ，熱水噴出孔!?

その通り！
共通の祖先は，どうも熱水の中で生きていたようなのです。このことも熱水噴出孔が生命誕生の候補地である理由の一つとなっています。

なるほど〜。

ただし，熱水噴出孔で生きていた共通祖先が本当に最初の生命だったとはかぎりません。
生命誕生の地は，火山や湖だとする仮説もあるんです。たとえば，そこで生命らしきものが誕生したあとで，それが熱水噴出孔にたどりつき，運よく子孫を残しつづけることに成功して，それが私たちの共通祖先となった可能性もあります。

陸から海へ流れ込んだ可能性もあるわけですね。

最初の生命が，いつ，どこで，どのようにして誕生したのかは，科学の全分野の中でも究極の謎の一つだといえるでしょう。

ただの化合物が生命活動を行う生物になるなんて考えられないかもしれませんが，最初の生命を生んだ奇跡的なできごとは，たしかに地球のどこかでおきたはずなのです。

細胞の祖先をたどる，壮大な旅でしたね！

偉人伝❷

生命誕生の謎にせまった科学者，
スタンリー・ミラー

スタンリー・ミラー（1930 ～ 2007）は，生命のいない原始の地球でも，生命の材料となるアミノ酸などの有機物が合成される可能性を実験で示した研究者です。彼の実験は生命の起源を探る研究を大きく飛躍させるものでした。

ミラーは，1930年3月7日，カリフォルニア州オークランドに生まれます。化学を学ぶことを志し，カリフォルニア大学バークレー校に進み，のちにシカゴ大学の大学院生となります。

ノーベル賞学者のユーリーと出会う

大学院生のミラーは，重水素の発見で1934年にノーベル化学賞を受賞した，ハロルド・ユーリー（1893 ～ 1981）のセミナーに出席します。ユーリーはそこで，原始の地球の大気組成が現在とことなることや，原始の地球で生命の材料となる有機物が合成される可能性について話しました。ミラーはユーリーのアイデアに興味を惹かれ，ユーリーのもとで研究を行うことになります。

当時，生命の起源については，無機物から有機物がつくられ，その有機物の反応から生命が生まれたとする，化学進化説がアレクサンドル・オパーリン（1894 ～ 1980）によってとなえられていました。しかし，アミノ酸などの有機物は，生命活動によってしかつくることができないと考えられていたため，化学進化説はなかなか受け入れられませんでした。

ミラーの実験でアミノ酸ができた！

このような時代背景の中で，ミラーはユーリーのもと，原始の地球を実験装置の中で再現し，有機物が合成されるのかを調べる実験に取り組むようになります。装置の中にメタンや水素，アンモニアなどを入れ，さらに雷を再現するために放電をつづけたのです。

すると数日後，容器の中に，タンパク質の構成要素となるアミノ酸や，核酸の成分であるピリミジン，生命活動のエネルギー源となるATPの要素となるアデニンなどの有機物が検出されました。この実験により，アミノ酸などの有機物が，無機物から合成されうることが示されたのです。1953年に行われたこの実験は，科学界に衝撃をあたえ，ミラーの実験，またはユーリー・ミラーの実験とよばれました。

現在，ミラーの実験で想定した大気の組成は，実際の原始地球での大気組成とはことなっていたのではないかと考えられています。しかし，科学的な手法によって生命誕生の実証実験を行ったミラーの業績は，現在も色あせていません。

晩年のミラーは，カリフォルニア大学サンディエゴ校の化学科名誉教授となりましたが，2007年に心不全によって77歳でこの世を去りました。

2

時間目

体をつくる
たくさんの細胞

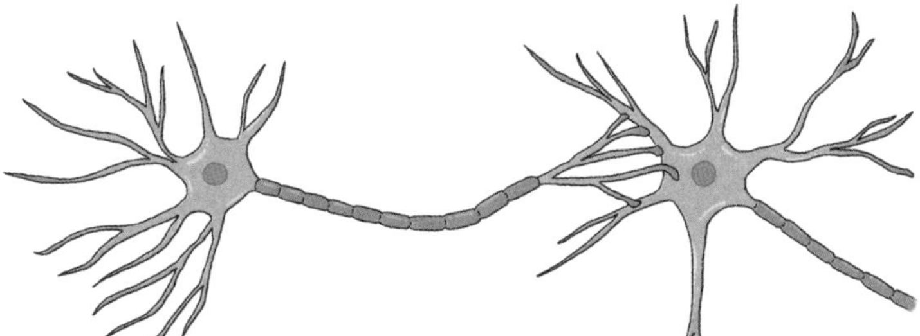

STEP 1

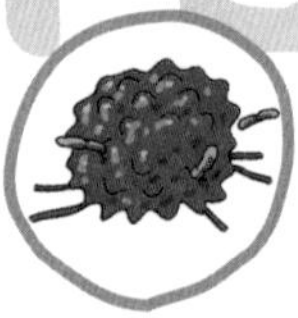

特殊なはたらきをもつ細胞たち

私たちの体は，神経細胞や免疫細胞など，さまざまな細胞で構成されています。おのおのの細胞はどのような機能をもっているのでしょうか。

体は，たった1個の受精卵からつくられた

私たちの体は，形も機能もちがう，さまざまな細胞で構成されています。しかしもとをたどると，すべての細胞はたった1個の**受精卵**に行き着きます。

たった1個の細胞から約37兆個もの細胞ができるんですか!?
どうしてたった1個の細胞からいろんな細胞が生まれるんでしょう？

たしかに不思議ですよね。
ヒトの一生は，卵子と精子が合体して一つの受精卵からはじまります。
この受精卵は，分裂をくり返していく過程で，赤血球，脳の神経細胞（ニューロン）など，さまざまな細胞へと専門化していきます。
このような細胞が専門化していく過程を，生物学では**分化**といいます。

ぶんか？

子供は無限の可能性をもっていますが，成長とともに得意なことを身につけ，やがて決まった職業につくでしょう。それと似たようなものと考えるといいかもしれません。

なるほど。

ここで受精卵の成長の過程をごく簡単に見てみましょう（次のページのイラスト）。
受精卵は分裂をくり返して成長します。
哺乳類では，受精卵が6～7回分裂して**初期胚（胚盤胞）**になり，そして受精3週後，三つの**胚葉**という組織がつくられます。それぞれの胚葉は，やがて特定の種類の細胞へと分化していきます。

細胞の専門化は，かなり早い段階からはじまっているんですね。

そうです。細胞の分化は，このイラストのように，受精卵というボールが，いくつもの谷に分かれた坂を下り落ちていく過程に見たてることができます。

一度，分化した細胞はもとにもどることはできないんですか？

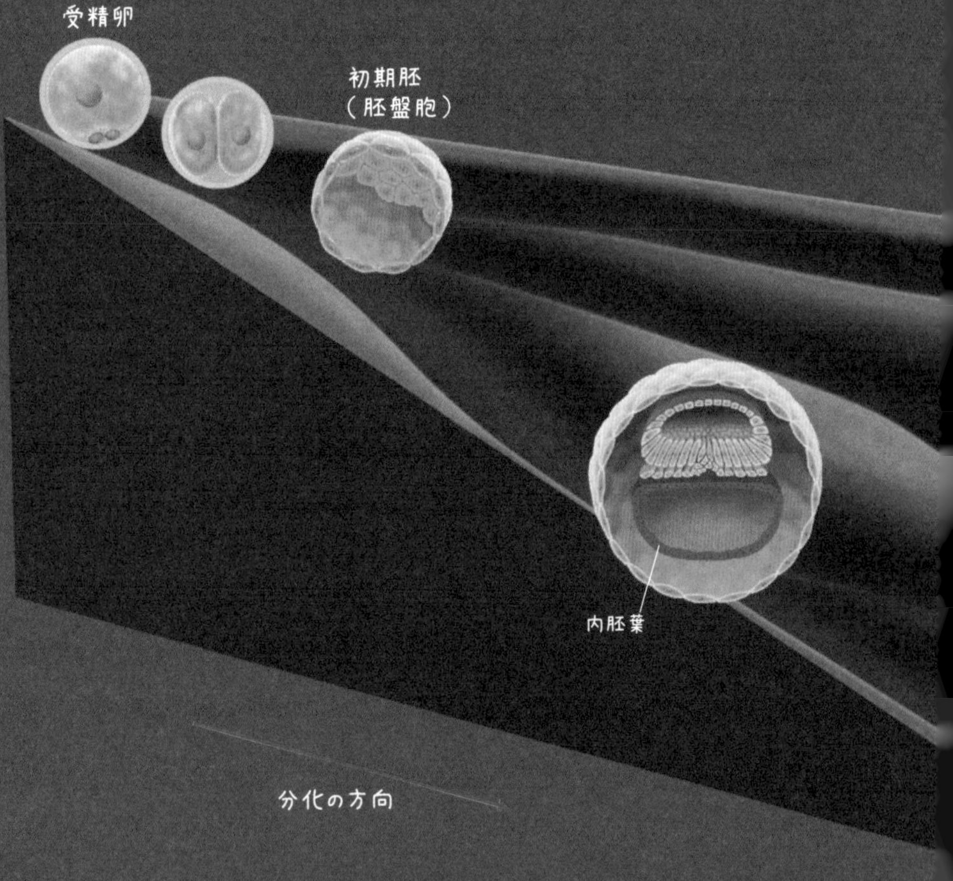
受精卵
初期胚
（胚盤胞）
内胚葉
分化の方向

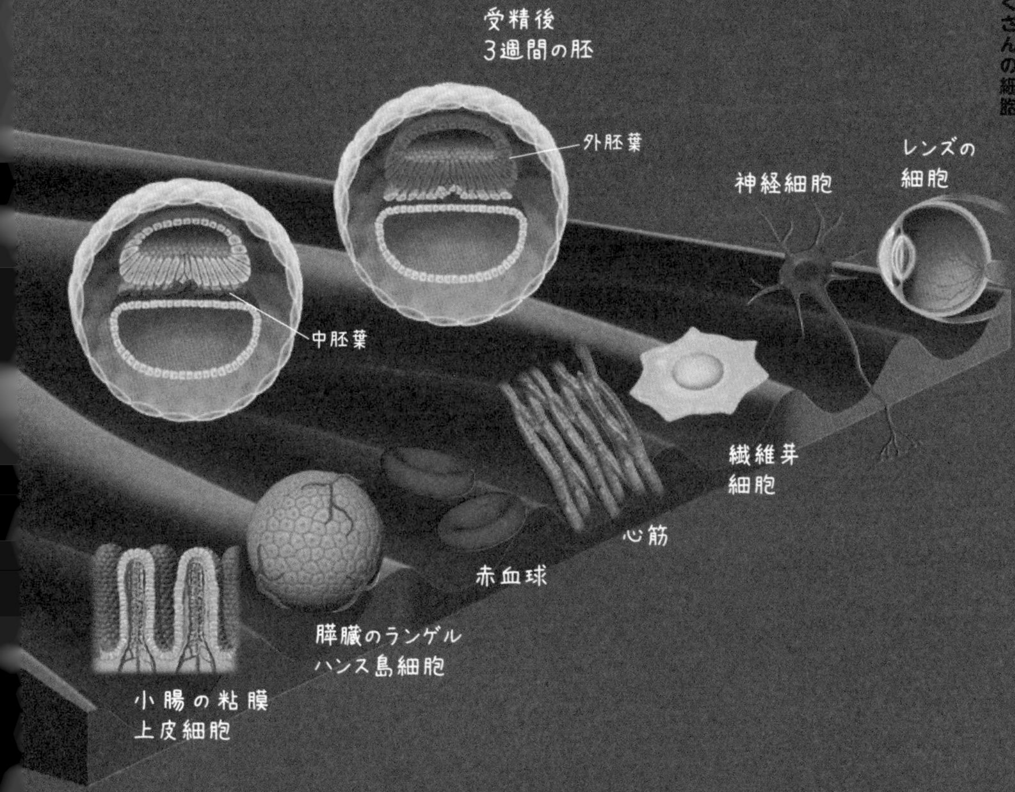
受精後
3週間の胚
外胚葉
中胚葉
神経細胞
レンズの
細胞
繊維芽
細胞
心筋
赤血球
膵臓のランゲル
ハンス島細胞
小腸の粘膜
上皮細胞

はい，ボールが坂を上っていかないのと同じように，分化がすんでしまった細胞が，自然にもとにもどることはありません。また，谷をこえて別の細胞に変わることもできません。
ただし，不思議に思えるかもしれませんが，細胞の分化がおきても，少数の例※を除いて，細胞の核にある遺伝情報（遺伝子）そのものは変わりません。
つまり，分化したあとでも，すべての細胞に，その個体のすべての遺伝情報が，おさめられているのです。

うぅーむ。
じゃあ細胞は，どうしていろんな細胞に分化できるんですか？

その理由は，**活発にはたらく遺伝子の組み合わせ**が変化し，それが固定されていくからです。

ど，どういうことです？

私たちの遺伝情報は，すべての細胞の核の中にあるDNAに書き込まれています。
DNAを1冊の本にたとえると，細胞の分化とは，「読まないページをのりづけしたり，読まない部分を塗りつぶしたりする」ようなことだといえます。

のりづけされたページは開けませんし，文字を塗りつぶされたらもう読めなくなりますね。
でも，これがDNAでおきるって，どういうことなのでしょうか？

※：たとえば数多くのタンパク質（抗体）をつくる免疫細胞では，受精卵から引きついだ遺伝子が再編成されます。

DNAは**ヒストン**というタンパク質に巻きついた状態で核の中に収納されています。

たとえば，このヒストンが，ある種の化学的変化を受けると，DNAがきつく巻きつけられた状態になり，遺伝子が読みだせなくなることがあります。

これは，“本のページののりづけ”に似ているといえるでしょう。

このようにヒストンに化学的変化がおきることを**ヒストン修飾**といいます。

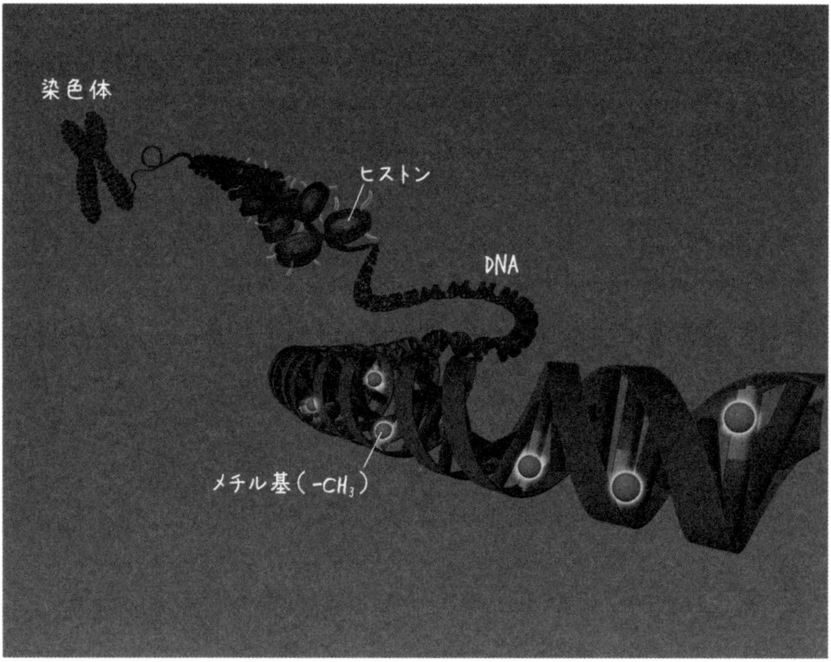

のりづけされて，再びそこを読みだせなくなるんですね。

そうです。
また，DNAの4種類の塩基ATCGの一つであるC(シトシン)に，**メチル化**という化学変化がおきることがあります。メチル化されたDNAは，読み取ることができなくなり，遺伝子としての機能を失います。
これは，“文字の塗りつぶし”に似ています。

DNAやヒストンに化学変化がおきることで，DNAの読める部分が変わっていくんですね。

ええ，そうです。
こうした変化は一度おきると固定されてしまうため，細胞の変化はあともどりができなくなります。
いったん皮膚の細胞になってしまえば，もはや赤血球や神経細胞にはなれないのです。こうして細胞は，ほかの細胞になる可能性を失い，自分の役割に特化していくことになります。

自分の役割ですか……。私の体では，どのような細胞が役割をはたしているんでしょうか？

では，ここから先は，私たちの体を構成する，個性的な細胞たちの例を見ていきましょう。

食べ物を分解して吸収する消化管の細胞たち

いろいろな専門分野に特化した細胞の中から，まずは消化器系の細胞を見ていきます。

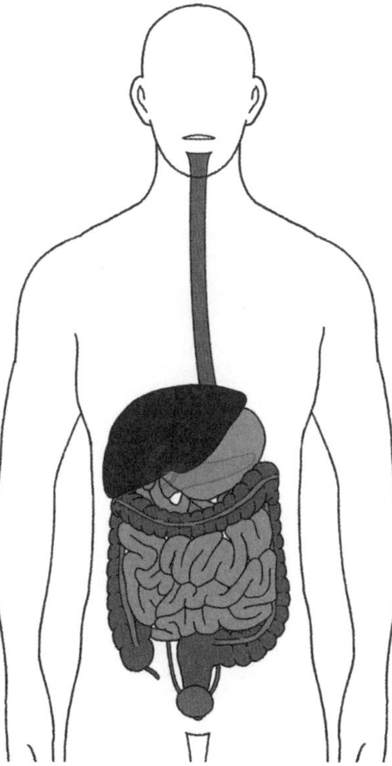

たとえば胃の細胞とかですか。
胃の細胞って，どんなものなんでしょう？

胃は食べ物を消化する器官で，**胃酸（塩酸）**を分泌しています。その胃酸を分泌しているのが**壁細胞**という細胞です。

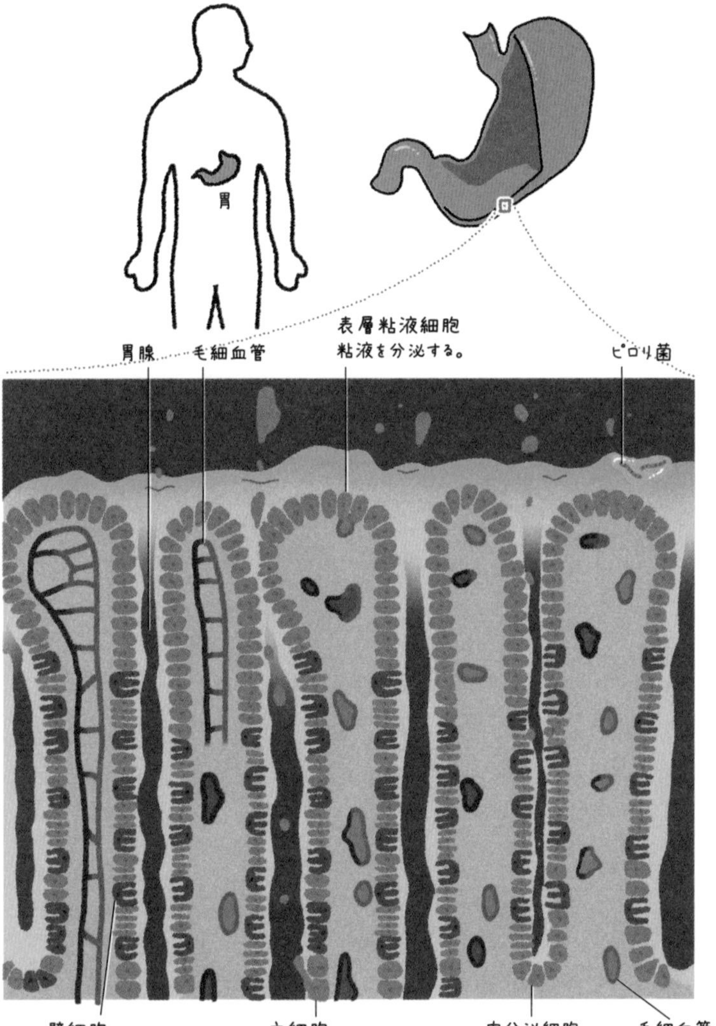
胃
胃腺
毛細血管
表層粘液細胞
粘液を分泌する。
ピロリ菌
壁細胞
塩酸を分泌する。
主細胞
消化酵素を分泌する。
内分泌細胞
毛細血管
の断面

塩酸って，昔，理科の実験で危ないから直接手でさわってはいけないって習いましたよ。
そんなものを細胞が出しているんですか？

ええ，胃壁には，**胃腺**というたくさんの“縦穴”があります。塩酸はこの胃腺から吹きだします。塩酸は，胃の内部をpH1～2という**強い酸性**に保っています。

胃の中で塩酸はどのようなはたらきをしているんですか？

まず，酸のはたらきによって食べ物を**殺菌**します。
また，食べ物に含まれているタンパク質の立体構造を分解しやすいように変えたり，消化酵素である**ペプシン**を活性化させたります。

ペプシンを活性化？

胃に届いた食べ物のタンパク質は，**ペプシン**という消化酵素のはたらきによって，アミノ酸が数個だけつながった短い鎖に分解されます。
このペプシンは，酸性の条件下ではじめて機能を発揮するのです。このしくみによって，ペプシンを合成する胃の細胞が分解されないようになっているんですね。

へぇ～。
殺菌や，ペプシンっていう酵素が働きやすくする役割が胃酸にはあるんですね。

あれ，ちょっとまってください。そんな強烈な胃酸にさらされたら，胃自体が溶けちゃうんじゃないですか？

大丈夫，ご安心ください。胃壁の表面には**表層粘液細胞**という細胞があって，ここから粘液が分泌されています。
この細胞のはたらきで，胃壁表層に粘液のカバーができ，細胞表面はpH6～7の弱酸性に保たれているんです。

ほほぅ，うまくできていますね！

しかし！
たとえばお酒（アルコール）を飲むと，せっかくの粘液が洗い流されてしまうばかりか，表層粘液細胞そのものがごっそりとはがされてしまうことがあります。

ええっ！　そりゃマズイ！

表層粘液細胞の増殖は非常に旺盛で，一晩もたてばもと通りに復活します。
ですから，心配しすぎることはありませんが，お酒はほどほどにしましょうね。私も気をつけます。

お酒，好きなんだけどなぁ……。控えます，ぐすん。

さて，胃で消化された食べ物は，次に**小腸**に向かいます。
小腸ではさまざまな栄養素が吸収されます。

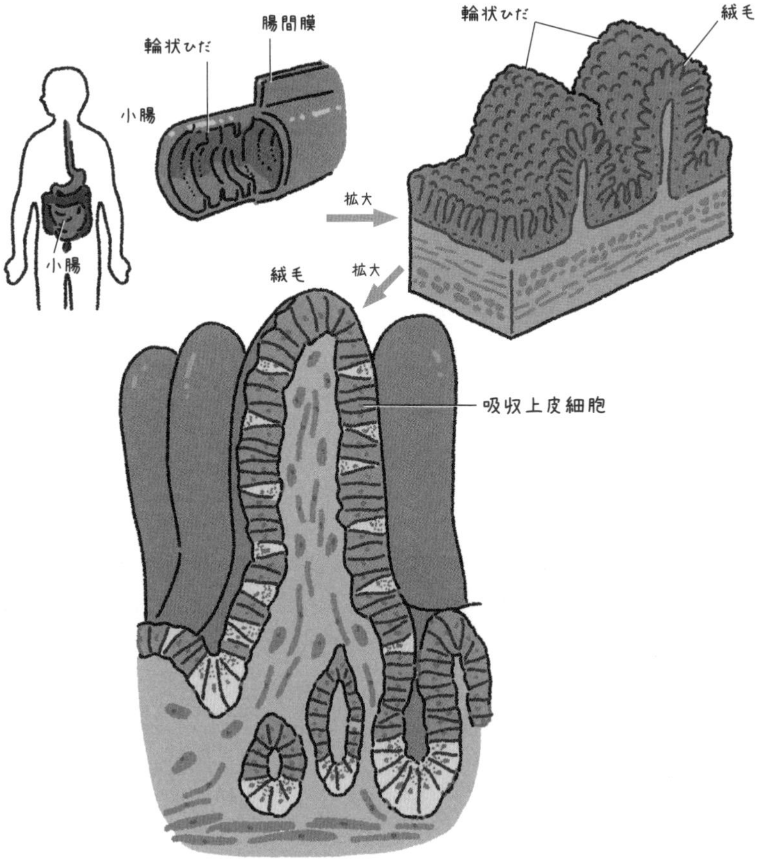

小腸の細胞って，どんなものなんですか？

では，小腸の内側を見てみましょう。
ここには，ひだがたくさんあります。これを**輪状ひだ**といいます。

小腸は，シワシワなんですね。

この輪状ひだを拡大すると，びっしりと**絨毛**が生えているのが確認できます。
絨毛は，小腸の表面積をふやしています。これによって効率よく栄養素を吸収できるわけです。

なるほど。

この絨毛の表面をさらに拡大してみましょう。すると，さらに細かい毛のような**微絨毛**が見えてきます。
このフサフサの微絨毛は，栄養を吸収する**吸収上皮細胞**という細胞がもつ構造です。

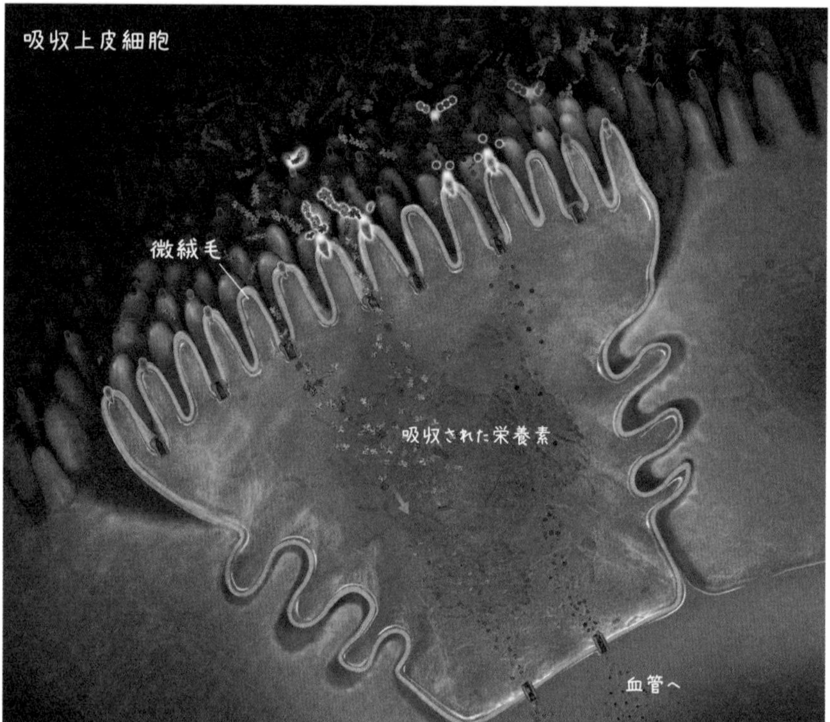

微絨毛は長さ1マイクロメートル（1000分の1ミリメートル）ほどの突起で，その表面には，さまざまな**消化酵素**が埋めこまれています。
この消化酵素のはたらきによって，タンパク質や炭水化物はそれぞれの最小構成単位であるアミノ酸や単糖へと分解され，私たちが食べたタンパク質や炭水化物は，ようやく体内へと吸収されるわけです。

吸収上皮細胞が自ら，最後の消化を行うわけですね。

はい，そうです。
さて，次は，膵臓《すいぞう》の細胞を見てみましょう。

膵臓の細胞？
そもそも膵臓って何をするところですか？

膵臓には，二つの重要な仕事があります。
一つは消化液である**膵液**を合成して分泌することです。
膵液は，さまざまな栄養素を分解することができる消化酵素のエースともいうべき存在です。
そしてもう一つの仕事が，血液中のブドウ糖の量，すなわち**血糖値**を調節することです。ここではこちらの機能に注目してみましょう。

血糖値の話は，1時間目でも少し登場しましたね。

ええ，ここではもう少しくわしくお話ししましょう。
膵臓には，血糖値の調節を行うのは，ホルモンを生産・分泌する**ランゲルハンス島**という組織があります。
ランゲルハンス島には毛細血管が張りめぐらされていて，そこから高血糖の情報を得ると，ランゲルハンス島にあるβ細胞が，血糖値を下げるホルモン**インスリン**を分泌します。

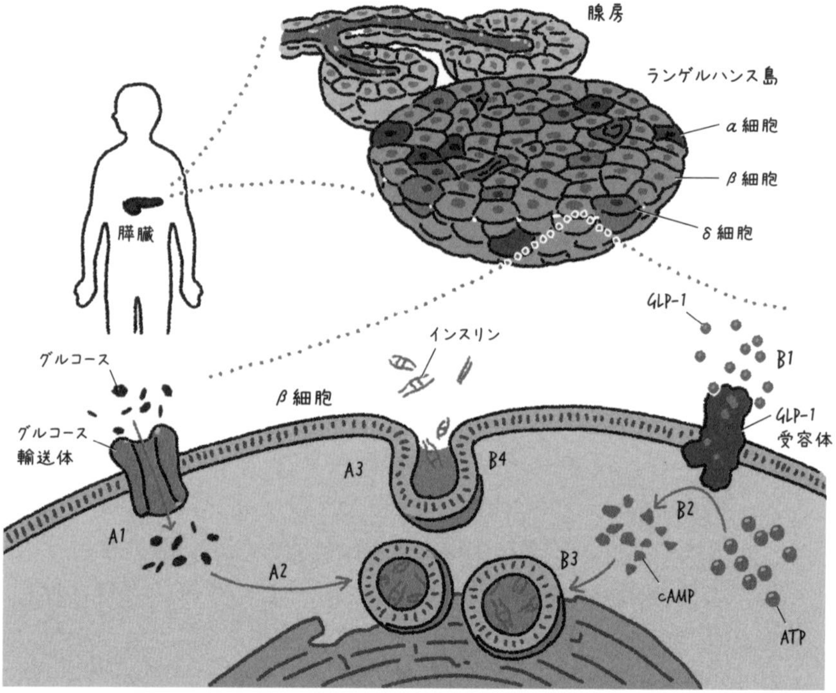

A1：グルコースが細胞内に取りこまれる。
A2：グルコースの量が増加したという情報が細胞内を伝わると，インスリンの入った袋が細胞の表面に移動する。
A3：インスリンの入った袋が細胞表面で口をあけ，インスリンが分泌される。

B1：GLP-1が，GLP-1受容体にくっつく。GLP-1は，小腸から分泌される，インスリンの分泌をうながすホルモン。
B2：GLP-1受容体は，「ATP」という分子を分解して，「cAMP」という分子にする。
B3：インスリンの入った袋は，cAMPの濃度が上がったという情報を受け取ると，細胞の表面に移動する。
B4：インスリンの入った袋が細胞表面で口をあけ，インスリンが分泌される。

ふむふむ。

インスリンは肝細胞や脂肪細胞が糖を貯蔵することをうながすほか，全身の細胞に対しても糖を消費するようはたらきかける重要なホルモンです。

血糖値は低すぎてもだめなんですよね？

そうですね。
血糖値が低いときには，血糖値を上げる**グルカゴン**というホルモンが分泌されます。グルカゴンを分泌するのは，ランゲルハンス島の**α細胞**です。

インスリンを出して血糖値を下げるのはβ細胞，逆にグルカゴンを出して血糖値を上げるのはα細胞ってことですね。

ランゲルハンス島β細胞のはたらきが生まれつき悪い人は，I型糖尿病になります。そのような人にはインスリン注射が欠かせません。また，最近では健康な人のランゲルハンス島を移植する「膵島移植」も一部で行われています。

骨や筋肉も細胞でできている

次に**筋肉**の細胞を見ていきましょう。筋肉（骨格筋）は，**筋線維**の集まりで，この筋線維は，それ自体が1個の細胞なんです。

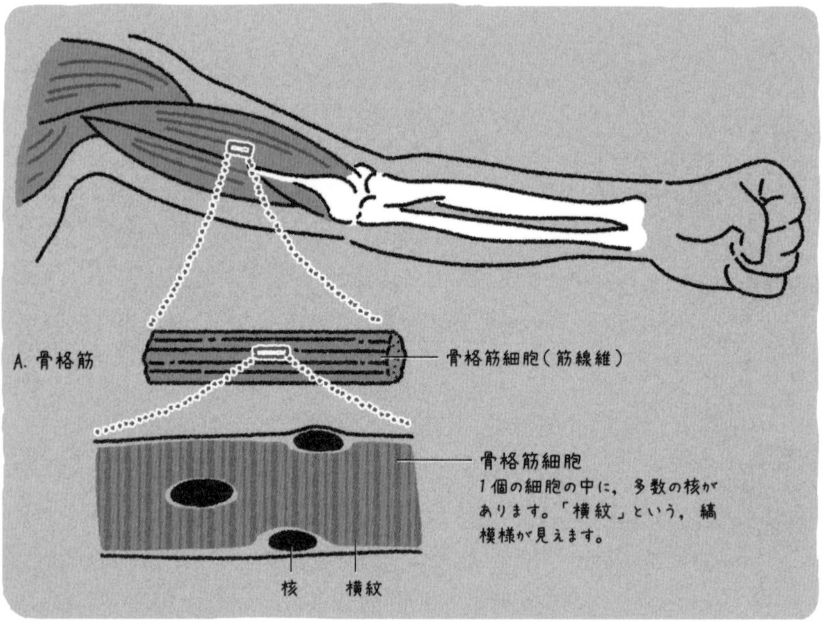

普通の細胞のイメージとちがって，筋肉の細胞って細長いんですね。

長いものでは数センチメートルにもなります。
実は筋線維は複数の細胞が融合してできたものなんです。
そのため，1本の筋線維の中には複数の**核**が存在しています。

なるほど。
私たちが動くことができるのは，この筋線維のおかげということですか？

ええ，その通りです。
筋線維の内部には，さらに細い線維が規則正しく整列しています。この細い線維は，**筋原線維**とよばれます。
この筋原線維は2種類のタンパク質の線維でできています。それが，**アクチン線維**と**ミオシン線維**です。

マトリョーシカみたいに，細い線維がどんどん出てきますね。
それで，筋線維はどうやって，体の動きを生むんでしょうか？

筋線維は縮むことで，動きを生みだします。
筋線維の中のミオシン線維は，エネルギーを消費してアクチン線維をたぐり寄せる反応をおこすことができるんです。
その結果，筋原線維の長さが縮まって筋肉全体が収縮することになります。

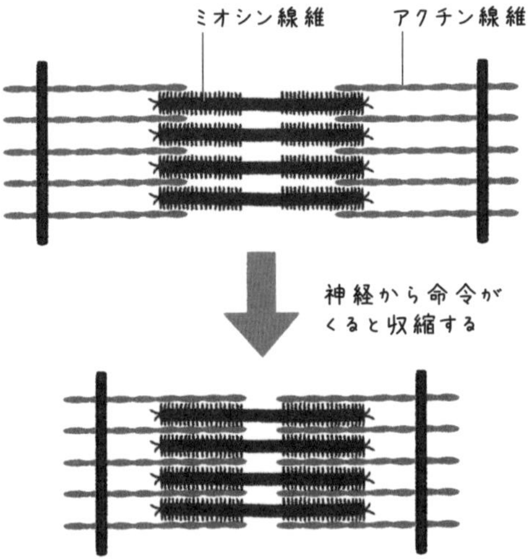

面白いですね！

こうしたしくみが，私たちの手足，そして心臓を動かしています。
さて，次は，その筋肉がつながっている**骨**の細胞を見てみます。

骨？　骨なんてただのカルシウムのかたまりですよね？
細胞とは関係ないのではないですか？

いえいえ。骨は，ただカルシウムが固まったものではありません。実はカルシウムでできたかたい骨（骨基質）の中に，**骨細胞**が無数に存在しているのです。

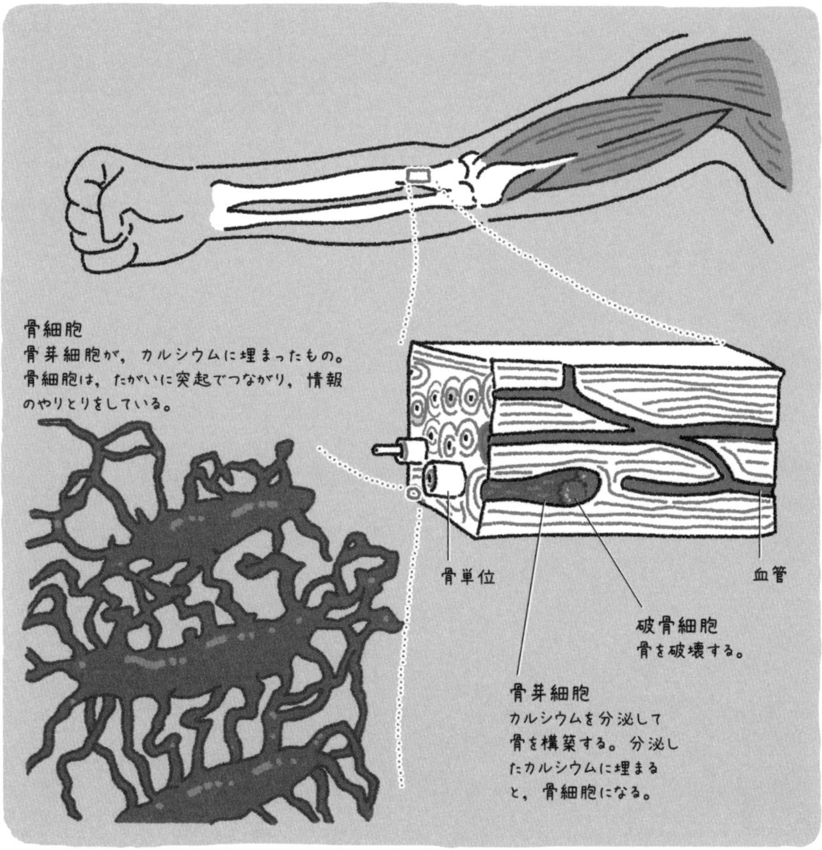
骨細胞
骨芽細胞が，カルシウムに埋まったもの。
骨細胞は，たがいに突起でつながり，情報
のやりとりをしている。
骨単位
血管
破骨細胞
骨を破壊する。
骨芽細胞
カルシウムを分泌して
骨を構築する。分泌し
たカルシウムに埋まる
と，骨細胞になる。

骨にも細胞が存在していたんですか!?

ええ。
骨の断面を見ると，骨細胞がつくる同心円状の模様が，あたかも水面に広がる波紋のように見えます。骨細胞は，たがいに突起でつながっており，コミュニケーションをとっています。

ほぇぇ……。

骨では，**破骨細胞**による破壊と，**骨芽細胞**による再構築が，常に行われています。
骨芽細胞は，自分自身のまわりにカルシウムを分泌することで，骨をつくります。そして骨ができていくにつれて，自らの分泌したカルシウムに囲まれていき，やがて完全に埋めこまれてしまいます。これが，骨細胞なのです。

骨って，変化がなさそうなイメージでしたけど，常に破壊と再生がくりかえされているんですね。

情報のやりとりをする神経細胞

次は脳の細胞です。私たちヒトの脳の中には1000億ほどの**神経細胞**（ニューロン）があるといわれています。
神経細胞には，体のほかの細胞とは大きく異なる特徴があります。それは神経細胞の本体である「細胞体」から細長い突起が何本も出ている点です。神経細胞はこの突起を使ってほかの神経細胞と接続し，情報のやり取りをしているのです。

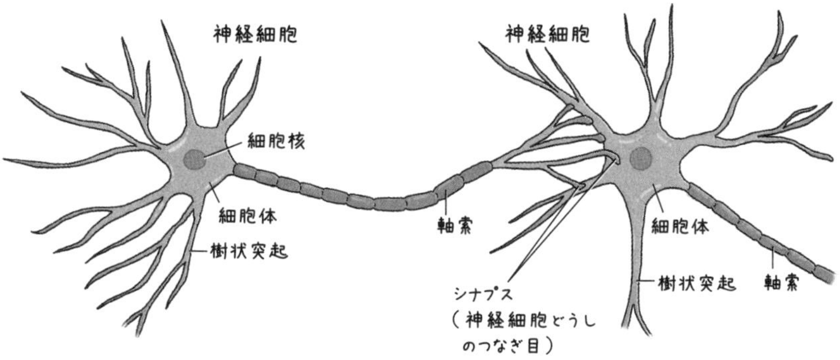

まるで手や尻尾が生えているみたいですね。

そうですね。
突起には2種類あります。一つは信号の送り手となる**軸索**。そしてもう一つは，信号の受け手となる**樹状突起**です。

軸索は一つの神経細胞に1本しかなく，また樹状突起にくらべて細く長い場合が多いです。ちょうどしっぽのように見えますね。

信号を送る軸索と，信号を受け取る樹状突起ですね。

ええ。
細胞体から出た1本の軸索は，時に枝分かれしながらほかの神経細胞の樹状突起につながります。このつなぎ目のことを**シナプス**とよびます。シナプスの数は，一つの細胞につき数千から数万にものぼるといいます。

そんなに!?

神経細胞はたがいにシナプスでつながり合いながら，想像を絶する複雑なネットワークをつくり，さらにこのネットワークの中を信号が行きかうことによって，脳の活動がいとなまれているんですよ。

私がものを考えられるのも，神経細胞のおかげなんですね。
それで，神経細胞はどうやって，信号をやりとりしているんですか？

神経細胞の信号には，主に**電気信号**と**化学信号**の二つの種類があります。
神経細胞の内部では電気信号が，そして，シナプスでは物質のやりとりによる化学信号が使われています。

どういうことですか？

まずは電気信号のしくみを見てみましょう。
話を単純にするため，ここでは信号を送る役割をになっている**軸索**にかぎって説明します。
まず，軸索の表面には，**ナトリウムイオンチャネル**とよばれる開閉式の穴があります（1）。

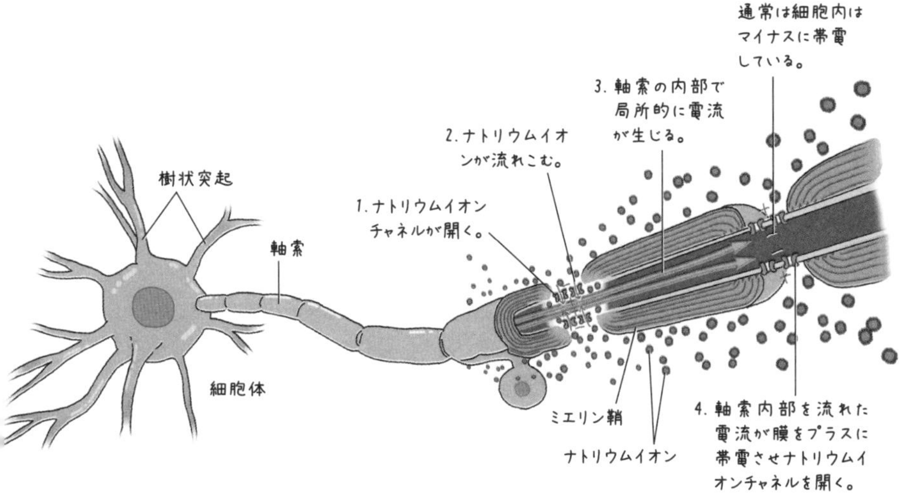

イオンチャネル？

細胞膜に埋まった，特定のイオンだけを通すゲートのようなものです。

ナトリウムイオンチャンネルは普段は閉じていますが，軸索に電気的な刺激が届くと，ナトリウムイオンチャネルがそれを感知して，ゲートが開きます。すると，電気をおびた「ナトリウムイオン」が細胞の外側から一気に流れこみます（2）。これによって，軸索の内部に局所的な電流が発生します（3）。

電気的な刺激が軸索に届くと，ナトリウムイオンが流入して，さらに電流が発生するんですね。

そうです。
するとそれを感知したとなりのナトリウムイオンチャンネルが開き，新たにナトリウムイオンを招き入れます（4）。
このような反応が連鎖することによって，軸索内を電気信号が伝わります。
ちなみに脳の神経細胞では，軸索を電気信号が伝わる速さは，最大で**秒速100メートル**ほどにもなります。

そんなに速いんですか!?
よくできたしくみですね。

このようなしくみで，樹状突起で受け取った信号は，軸索の末端まで伝えられ，数千から数万ものシナプスへと届けられるのです。

すごいや！

さて，軸索を伝わってきた電気信号は，次の神経細胞の樹状突起へと伝えられなければなりません。
しかし，神経細胞のつなぎ目であるシナプスには，実は**すき間**があるので，電気信号では伝えることはできません。

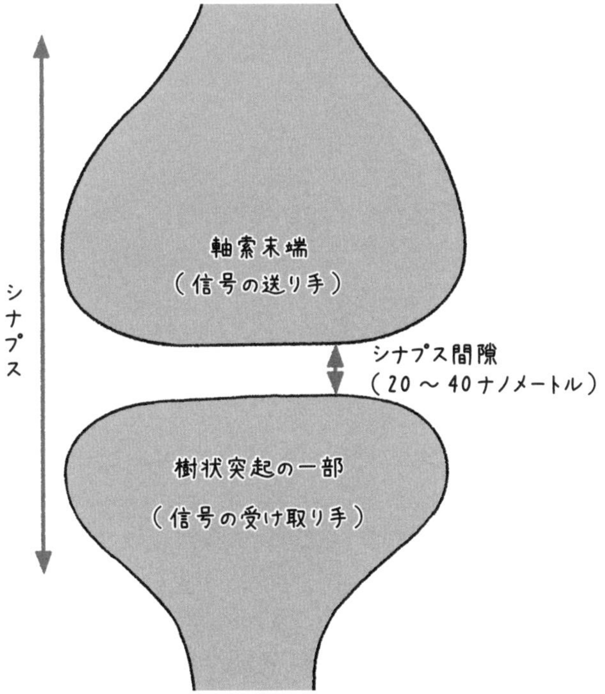

じゃあ，どうするんですか？

神経細胞がとっている戦略は，化学物質を“投げ渡して”すき間を飛びこえるという方法です。

化学物質を“投げ渡す”？

軸索の末端に電気信号が行き着くと，軸索末端にある**シナプス小胞**という袋から，グルタミン酸などの化学物質がシナプスのすき間に放出されるのです。

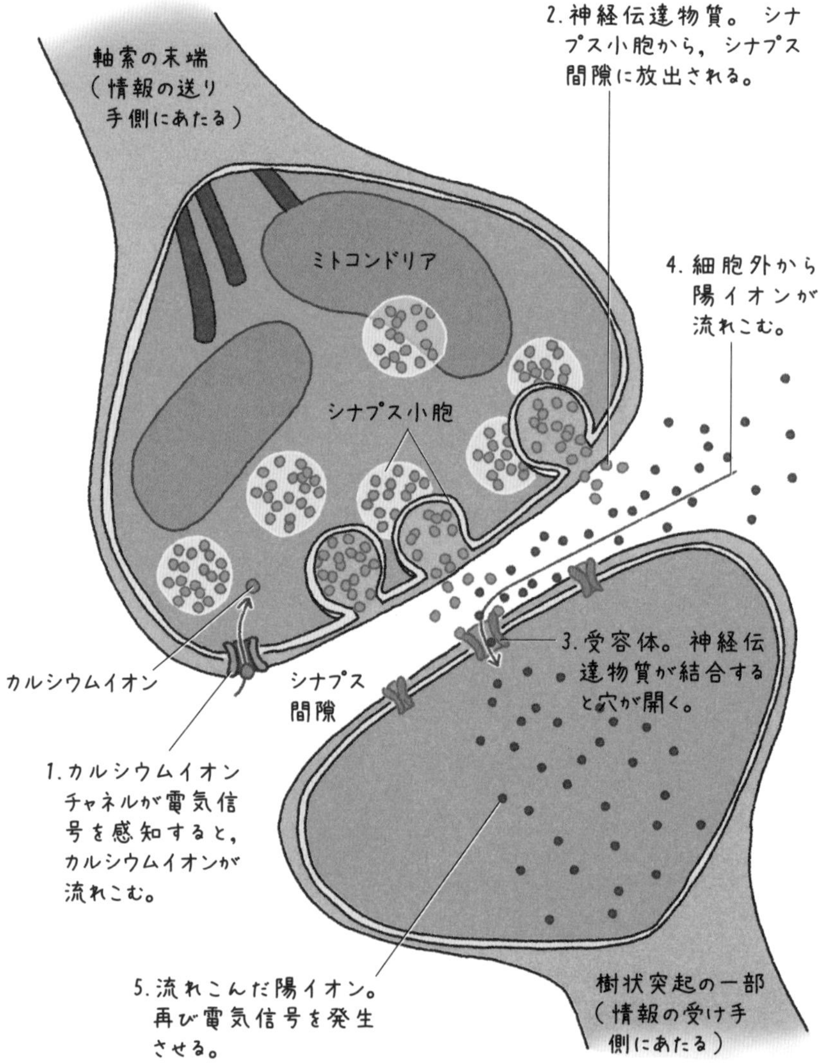

この化学物質で情報を伝えるということですか？

ええ。
信号の受け手がわの樹状突起では，細胞膜に埋めこまれている**受容体**が放出された化学物質をキャッチします。
すると，その刺激によって，大量の陽イオンが細胞に流れ込み，再び電気信号となって細胞内を伝わっていくのです。

それにしても，神経細胞は，なぜこんな手のこんだ信号伝達の方法をとっているんですか？

神経細胞は，シナプスのすき間でやり取りされる化学物質の量を調整することで，次の神経細胞へと伝わる信号の量を変化させることができるのです。
つまり，特定の神経のつながりを強めたり，逆に弱めたりすることができるわけですね。このようなしくみが，記憶の形成にもかかわっていると考えられています。

体を病気から守る防衛部隊，免疫細胞

さて，次に紹介するのは，**体の防衛部隊の細胞**たちです。
突然ですが，もし軽い風邪をひいたら，どうしますか？

軽い風邪なら，家でゆっくり寝ています。

そうですね。
でも，あなたがゆっくりと寝ているとき，実は体の中では激しい防衛戦争がおこっているんですよ。

防衛戦争？

風邪などを引いて熱が出たり，のどが痛かったりしているときは，体に侵入した細菌やウイルスなどから体を守るため，**免疫細胞**たちが徹底抗戦をしかけているのです。

軽い風邪のときも？

もちろんです。もし私たちが免疫のしくみをもっていなかったら，ちょっとした風邪でさえ，命を落とすことになりかねません。

それはこわいです！
いったいどんな細胞が，私たちの体を守ってくれているんでしょうか？

哺乳類の免疫システムは，主に**白血球**とよばれる細胞によって成り立っています。一口に白血球といっても，さらにマクロファージや樹状細胞，好中球といった**食細胞**と，T細胞やB細胞といった**リンパ球**に分類されます。

これらの白血球は，侵入者を発見すると，活発化して免疫細胞の仲間をよびよせたり，病原体への攻撃を開始したりするはたらきをもっています。

白血球えらい！

私たちには，食細胞が中心に活躍する**自然免疫**と，リンパ球が中心に活躍する**獲得免疫**という，二つの系統の免疫システムがそなわっています。
自然免疫は，病原体の侵略者にいち早く反応します。しかしこれは一時的な効果しか期待できないので，長期にわたって体を守るために獲得免疫が少し遅れて反応します。

自然免疫と獲得免疫？

自然免疫は，生まれたときから“自然”にそなわっている免疫でどのような相手にも反応します。
一方，**獲得免疫**は一度侵入した病原体を長期に記憶して，二度目以降の病原体の進入時に効率的に病原体を排除するための免疫です。後天的に“獲得”する免疫，というわけです

そういえば，新型コロナの予防として，ワクチンを接種したんですけど，これもどちらかの免疫と関係しているんですか？

ええ，ワクチンは**獲得免疫**のしくみを利用したものです。

無毒化したウイルスの一部（抗原）を体内に入れることで，その情報を獲得免疫にかかわる細胞に記憶させ，ウイルスが入ってきたときにすぐに対処できるようにするのです。

なるほど！
自然免疫と獲得免疫について，もう少し教えてください。

では，まず自然免疫から見ていきましょう。
体内では，日ごろから**好中球**などの白血球が血液にのって全身を循環しながらパトロールを行っています。そうして病原体が侵入したとき，それらの白血球が真っ先に病原体の駆除にかかります。

どうやって駆除するんですか？

好中球やマクロファージといった白血球は，病原体や異物を食べることで破壊していきます。このため，これらの白血球は，**食細胞**ともよばれます。

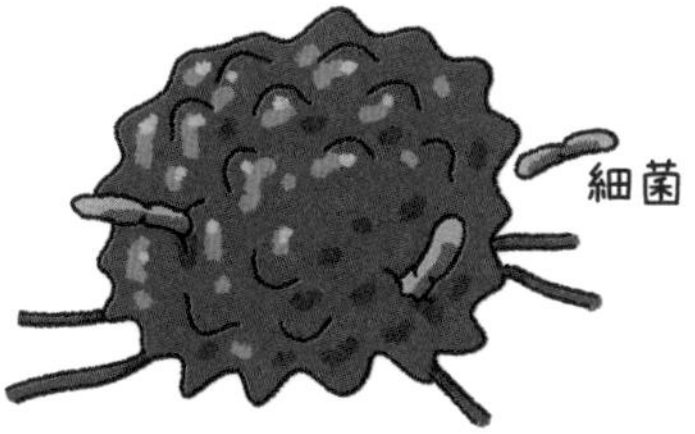

マクロファージ
細菌などの病原体や，こわれたり古くなったりした細胞を飲みこみ，消化する。

そのまんまの名前ですね。

これらの細胞がまず異物を食べる（取り込む）ことで，体が病原体に感染することから守っています。この免疫システムが自然免疫です。
活発化した白血球たちは，ほかの免疫細胞をよびよせたり，戦いやすいように環境をととのえたりもします。それによっておきる，はれなどの症状を**炎症**とよぶのです。

のどがはれたり，熱が出たりするのが防衛戦争っていうのは，そういう意味なんですね。

ええ。ただし，この自然免疫の防衛線を突破して生き残る病原体（細菌やウイルス）もいます。病原体は細胞内で増殖し，さらに体へ攻撃をしかけようとします。
そのような病原体をねらいうちするのが，T細胞やB細胞といった**リンパ球**たちです。第二防衛部隊たる**獲得免疫**の発動です！

獲得免疫は，どうやって対処するんですか？

まず獲得免疫の細胞である**T細胞**が，自然免疫の**樹状細胞**から敵の情報（抗原）を受け取ります。
するとT細胞が活性化し，B細胞などのほかのリンパ球を増殖させます。こうして，敵に合わせた猛攻撃を開始するわけです。

樹状細胞
病原体を飲みこみ，消化した病原体の一部をT細胞に提示する役割もになう。

どういった攻撃をするんですか？

たとえば，B細胞は，T細胞からの指示を受けると，抗体という“武器”を放出します。抗体は，特定の病原体やその毒素にだけ結合して攻撃するはたらきがあります。
また，一部のB細胞は外敵の情報を覚えておき，2回目に侵入してきたときに，速やかに排除できるようになります。

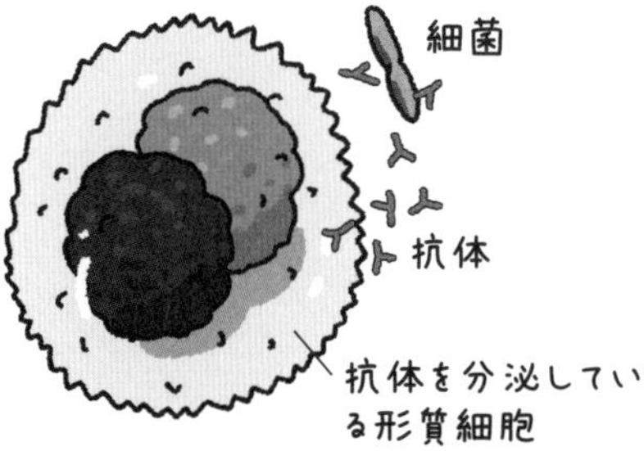

B細胞
B細胞は病原体の記憶をする「記憶B細胞」と，抗体をつくって戦う「形質細胞」に分かれる。

敵の情報を獲得して，標的をしぼって攻撃するわけですね。

ええ。獲得免疫は強力な免疫システムですが，基本的に自然免疫である樹状細胞からの情報がないと，攻撃をはじめることはありません。このように免疫システムは，自然免疫と獲得免疫の2段階で成り立っているのです。

免疫細胞は，1兆種類の抗体をつくって敵にそなえる

でも先生，私たちを襲う病原体って，たくさんあるじゃないですか？　いったいどうやって，たくさんの種類の病原体に対応するんですか？

そもそもT細胞やB細胞は，特定の外敵（抗原）とだけ結合する，**受容体**というアンテナをもっています。
この受容体が認識した相手だけを攻撃するわけです。さらにB細胞では，受容体を細胞外に分泌することで，外敵を攻撃する**抗体**となります。

じゃあ，相手に合わせて，細胞が受容体をつくり変えているわけでしょうか？

いいえ，ちょっとちがいます。
T細胞やB細胞は一つの細胞につき，**1種類の抗体**しかつくることができません。

そのため，体内には**1兆種類**のT細胞やB細胞があらかじめ準備されているのです。

1兆種類!?
たしかにそれだけ種類があれば，どんな病原体でも攻撃できそうですね。

でも，種類だけ多くても，それぞれの細胞が少なければ，増殖をつづける敵と戦うことはできませんよね。

たしかに。多勢に無勢です！

そこで免疫システムでは，侵入してきた病原体を認識できるT細胞やB細胞だけを活性化させるという戦略をとっています。
T細胞やB細胞は，一度活性化すると，爆発的にふえ，病原体との戦いをくりひろげるんです。

なるほど，入ってきた病原体を攻撃できる免疫細胞だけを選んで増殖させるんですね。

さらに，攻撃が終了すると，T細胞やB細胞の一部はその病原体の情報を覚えた**記憶細胞**として体内に蓄えられます。
そうすることで，同じ病原体が侵入したとき，時間をかけずにいち早く攻撃を開始することができるっていうわけです。

いやぁ，最強の防衛軍ですね。これで私の体も，安全です！
それにしても，私たちの体をつくっている細胞たちって
本当にバラエティに富んでいるんですね。

STEP 2

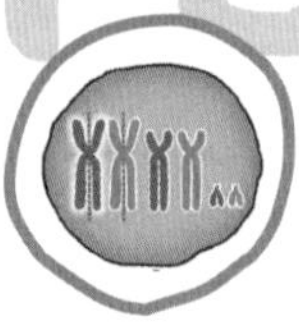

細胞は分裂して増える！

私たちの体はたった１個の細胞が分裂して増えてできたものです。さらに毎日膨大な数の細胞が新たに生まれて，古い細胞と置きかわっています。細胞分裂のしくみを見ていきましょう。

人体では１秒に数百万個の細胞が生まれている

いやぁ，私たちの体って，いろんな種類の細胞でできているんですね。
でも，そのすべてがたった一つの**受精卵**が分裂してつくられた細胞だって，なんだか信じがたいですね。

ははは，たしかにそうかもしれませんね。
私たちの体は，たった一つの受精卵が分裂を繰り返してつくられました。
突然ですが，ここで問題です。大人と子供は，体の大きさがまったくちがいます。これは，細胞の数がちがうからでしょうか？　それとも細胞の大きさがちがうからでしょうか？

うーん，なんとなく，細胞の数がちがうからじゃないでしょうか？

大正解です！
大人と子供の細胞を顕微鏡で見てくらべてみると，大きさも形もほぼ同じで，実は見分けはつきません。
大人と子供では，体を構成している**細胞の数**がちがうのです。

どれくらいちがうんでしょうか？

近年の報告によれば，体重70キログラム，すなわち30代～40代の日本人男性の平均体重とほぼ同じの大人の細胞数は**37.2兆個**だと推計されています。
これに対し，体重3キログラム前後の新生児の細胞数を単純に体重の比率で算出すると，**1兆～2兆個**になります。

桁が一つ，ちがいますね。
成長するにしたがって，どんどん細胞が増えていくわけですね。
でも，私はもう成人してますから，細胞が分裂して増えることはないのでしょうか？

いいえ，たとえ大人の体でも，細胞は常に新しくつくられて，古い細胞と入れわっているんですよ。
なんと私たちの体では，**1秒に数百万個**もの細胞が生みだされているといわれています。

1秒に数百万個ぉ～！
そんなに大量に生みだされているんですか!?

ええ。
その一方で死んでいく細胞もあります。たとえば皮膚の細胞の死がいは，表皮の垢となります。
油性マジックで皮膚に落書きをしても，いずれ消えるのは，表皮が入れかわっていくからです。

細胞って，どうやって分裂するんですか？

体をつくる細胞でおきている日常的な分裂のことを**体細胞分裂**といいます。
それに対して，雄と雌といった性のある生き物の生殖細胞では，**減数分裂**という，少し特別な細胞分裂がおきます。
ここからは，まず体細胞分裂のしくみから説明していきましょう。

細胞は二つに分裂して増えていく

細胞は周囲に栄養があるかどうか，周囲の細胞がどれくらい混み合っているかなどを検知し，必要なときに分裂のサイクルに入ります。
この分裂のサイクルを**細胞周期**とよびます。

細胞周期？

次のイラストに一般的な細胞周期をえがきました。
細胞周期は一般に，以下の段階を経て進みます。

・G1 期
遺伝情報（DNA）を複製する準備がととのっているかを細胞自身がチェックする。
・S 期（1）
遺伝情報が複製される。
・G2 期
複製が正常に終わったかどうかをチェックする。
・M 期（2~6）
複製したDNAを染色体の形で分配する。
・細胞質分裂期（6~7）
細胞自体が二つに分裂する。

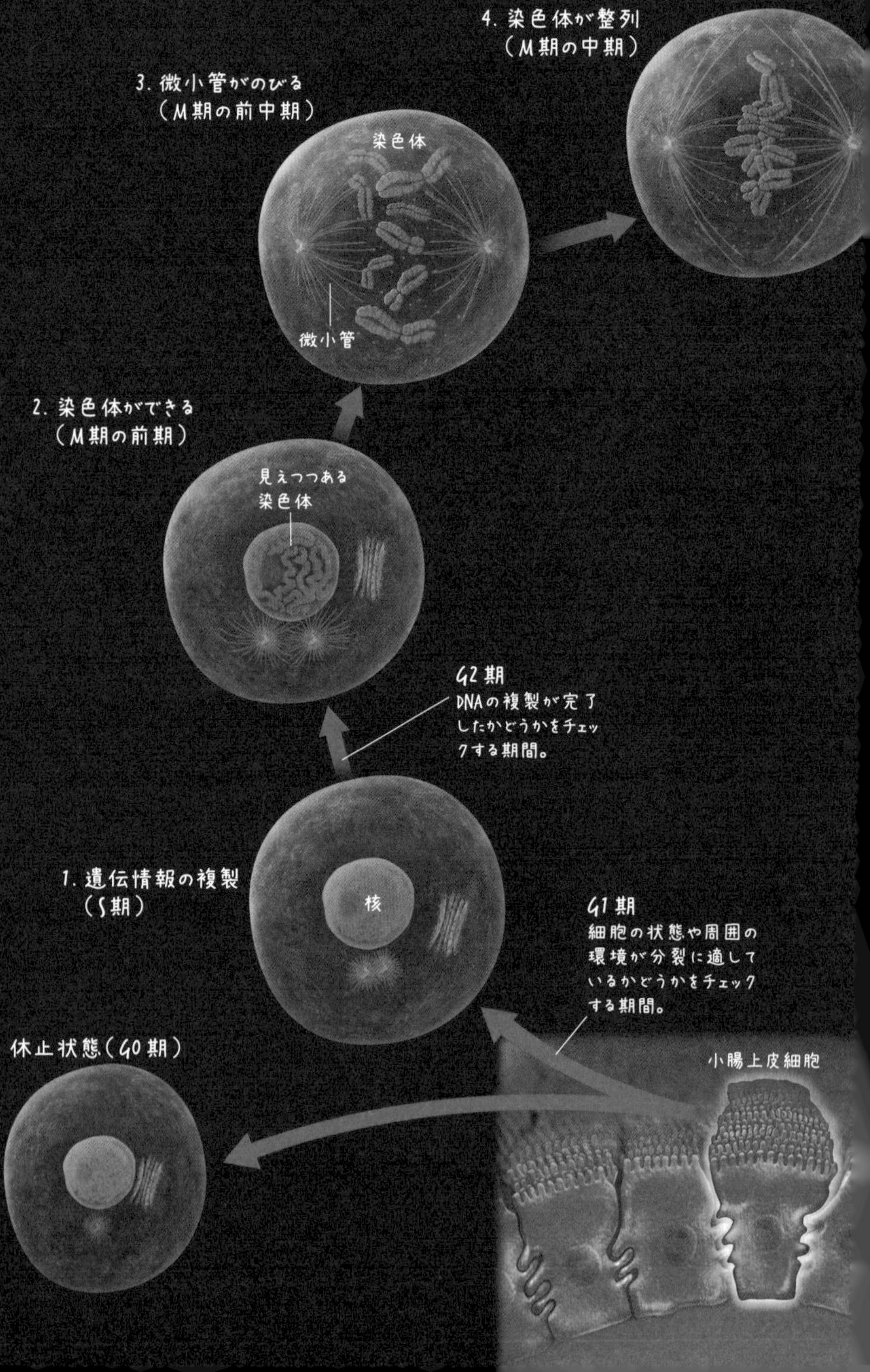
4. 染色体が整列
（M期の中期）
3. 微小管がのびる
（M期の前中期）
染色体
微小管
2. 染色体ができる
（M期の前期）
見えつつある
染色体
G2期
DNAの複製が完了
したかどうかをチェッ
クする期間。
1. 遺伝情報の複製
（S期）
核
G1期
細胞の状態や周囲の
環境が分裂に適して
いるかどうかをチェック
する期間。
休止状態（G0期）
小腸上皮細胞

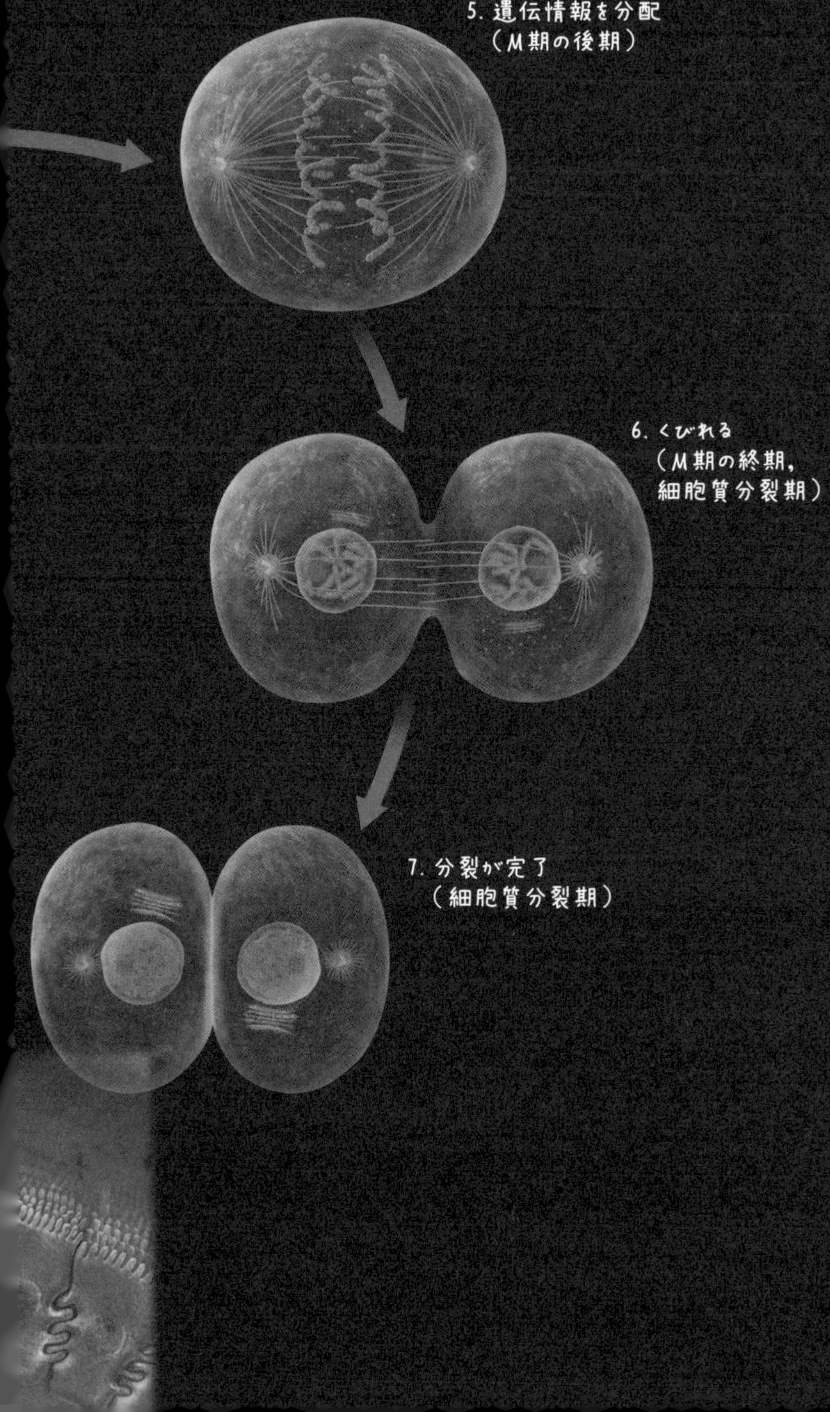
5. 遺伝情報を分配
（M期の後期）
6. くびれる
（M期の終期，
細胞質分裂期）
7. 分裂が完了
（細胞質分裂期）

M期は通常30分から1時間程度で，主に染色体を分配し終えるまでの前期，前中期，中期，後期と，細胞本体が二つに分かれはじめる終期に，細かく分けられています。

へぇ～，何段階もあるんですね。けっこう時間がかかりそう。

ヒトやラットなどの哺乳動物の一般的な**培養細胞**は，およそ**20時間に1回**程度，細胞分裂を行いますが，目の角膜にある**角膜上皮細胞**は**200時間以上に1回**の割合で分裂します。
このように，細胞周期の長さは細胞によってことなっています。

ほうほう，なるほど。
でも先生，細胞の中には，ゴルジ体とか小胞体とかの細胞小器官があるじゃないですか。こうした器官は，分裂するとき，どうなるんですか？　これらも分裂するんですか？

細胞小器官のうち，核や，タンパク質の加工・仕分け所であるゴルジ体などは，いったん小さな粒々（小胞）になり，二つの細胞に分配されて再び構築されます。
一方，細胞のエネルギー工場である，ミトコンドリアや，植物細胞の葉緑体などは，独自の分裂装置をもっています。

細胞分裂の前にはDNAがコピーされる

私たちの体をつくる細胞は，**46本ものDNA（染色体）**を核の中に収納しています。どの細胞ももっているDNAは，基本的に同じです。
細胞が分裂するときには，この46本の染色体をすべて正確に複製して，二つの細胞に分配しなければなりません。
ですから，細胞分裂の準備がととのうと，まず最初に**DNAの複製**がおきるんです（S期）。

DNAの複製!?

DNAは，**ATGC**という4種類の塩基で遺伝情報を保存しています。
細胞分裂では，この塩基配列を正確にコピーしたDNAを分裂後の二つの細胞に分配しなければならないわけです。

いったいどうやってDNAを正確にコピーすることができるんでしょうか？

では，イラストを見ながらDNAの複製のしくみを簡単に紹介しましょう。
1時間目でもお話ししたように，DNAは，2本の鎖がらせん構造をとっています。このとき，一方のDNA鎖の塩基が，もう一方のDNA鎖の塩基とペアをつくっています。AとT，GとCの塩基のペアです。それ以外の塩基の組み合わせでは結合しません。

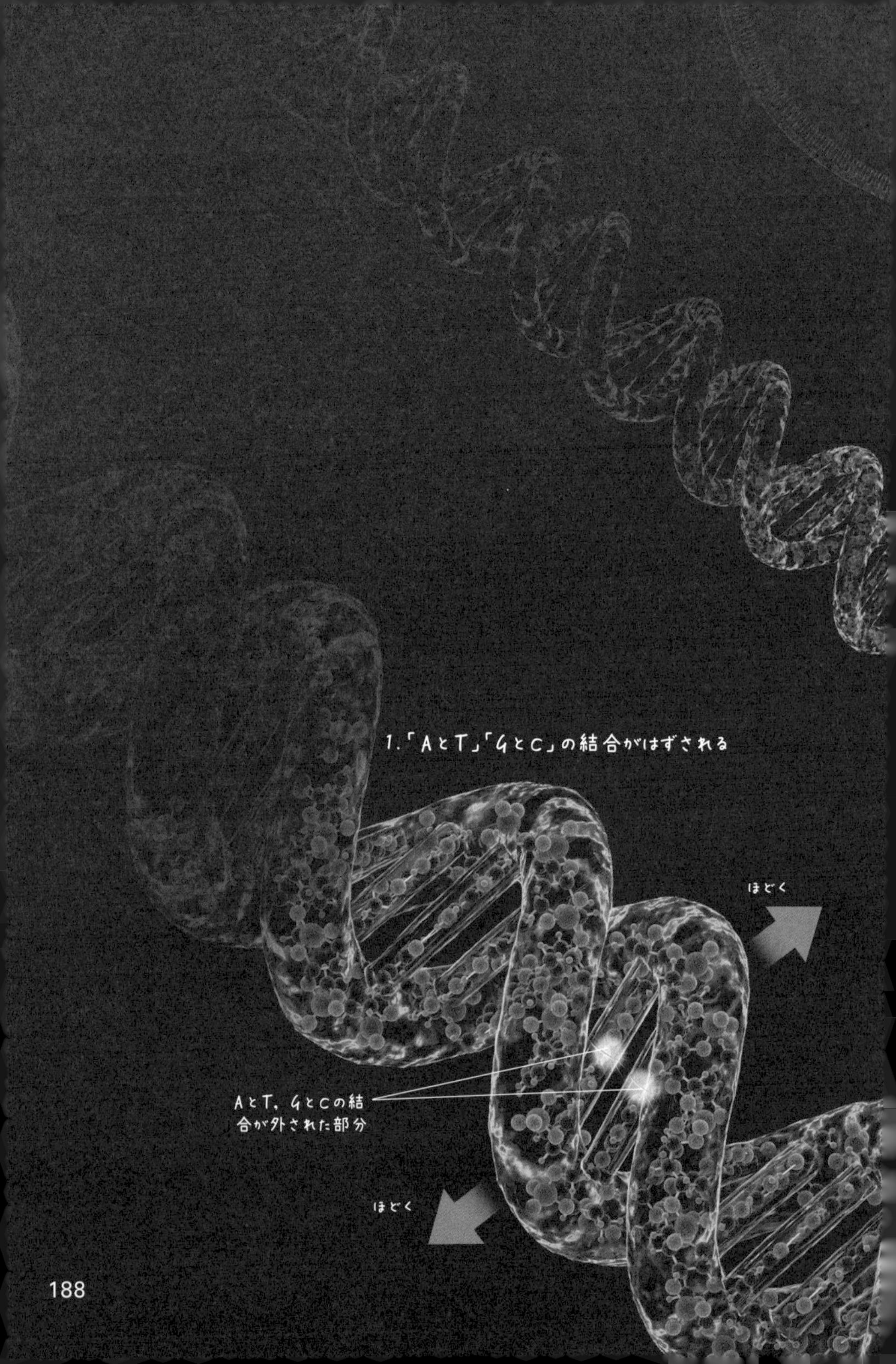
1.「AとT」「GとC」の結合がはずされる
ほどく
AとT, GとCの結
合が外された部分
ほどく

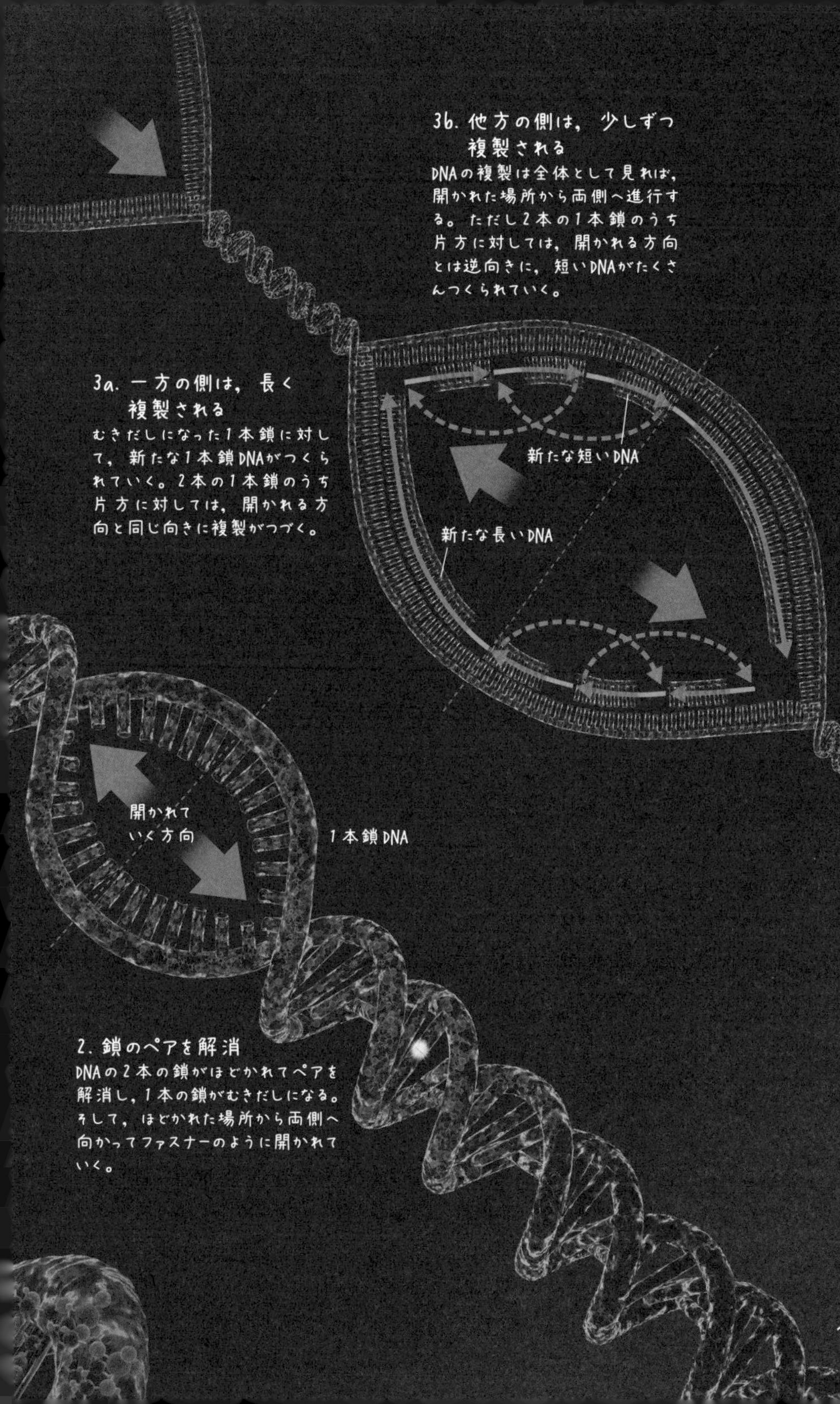

3b. 他方の側は，少しずつ複製される

DNAの複製は全体として見れば，開かれた場所から両側へ進行する。ただし2本の1本鎖のうち片方に対しては，開かれる方向とは逆向きに，短いDNAがたくさんつくられていく。

3a. 一方の側は，長く複製される

むきだしになった1本鎖に対して，新たな1本鎖DNAがつくられていく。2本の1本鎖のうち片方に対しては，開かれる方向と同じ向きに複製がつづく。

2. 鎖のペアを解消

DNAの2本の鎖がほどかれてペアを解消し，1本の鎖がむきだしになる。そして，ほどかれた場所から両側へ向かってファスナーのように開かれていく。

ふむ，そうでした。

DNAを複製するときには，まずDNAの二重らせん構造がほどかれて**1本の鎖**になります。すると，それぞれの塩基がむきだしになりますね。このむきだしになった塩基とペアになる塩基を，DNAポリメラーゼというタンパク質が順に連結していきます。
そうすると，もとの2本鎖DNAとまったく同じものが2セットできることになります。

なるほど！
本当によくできてますね，私たちの細胞って！

複製が完了したDNAは，凝縮してコンパクトにまとめられ，棒状の太い**染色体**※としてあらわれます。
複製されてできた同じ塩基配列をもつDNAのペアを姉妹染色分体といい，複製直後はくっついた状態です。
その後，細胞分裂が進むと，姉妹染色分体はペアをひきはなされて，二つの細胞に分配されます。

※：染色体は，狭義には，複製されたDNAが凝縮されてできる，細胞分裂時にあらわれる棒状の構造体を指します。しかし，分裂時以外の凝縮していない状態のDNAも含めて染色体とよぶことが一般的です。

細胞の部品はたくさんの“腕”に引っ張られる

先生，染色体は，どうやって二つの細胞にうまく分配されるんですか？

染色体を二つの細胞に分配するときに使われるのが，**紡錘体**という装置です。

ぼうすいたい？

紡錘とは糸をつむぐ際に巻き取る道具のことです。
紡錘体は，糸のような**微小管**という構造などからできた装置です。
染色体は，微小管の糸にそって，紡錘体の両端（紡錘体極といいます）に向かって移動していくのです。

ほぉ。

染色体が分離されるまでのようすを順をおって見てみましょう。
まず，DNAが複製されて，染色体として凝縮したあとに，**核膜が消失**します。
その後，染色体は紡錘体の微小管にくっついて，**中央**にきれいに並べられます。このときはまだ姉妹染色分体はペアの状態です。

へぇ，最初は真ん中に整列するんですね。

そうなんです。両側から引っ張る力が釣り合ったところで止まります。
そして全部がそろったところで，中央に並んでいた染色体が二つの紡錘体極へ向かって移動をはじめます。このときに，くっついていた姉妹染色分体が分離します。

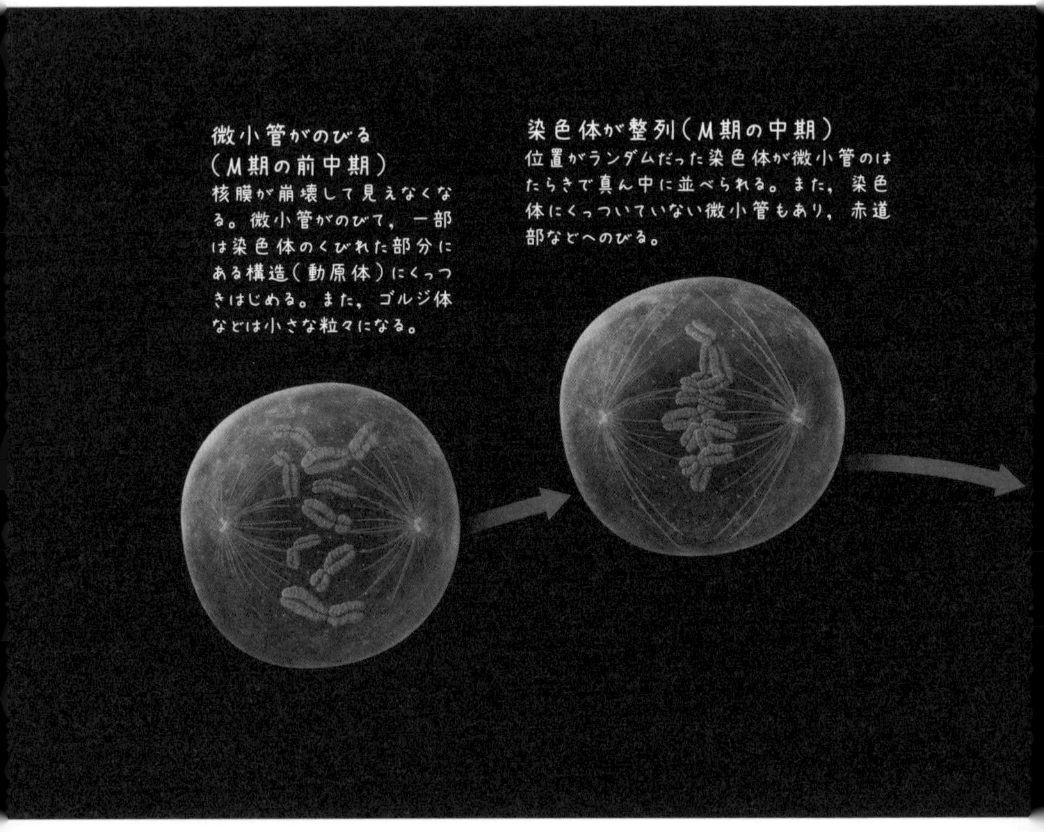

染色体って46本もあるんですよね。
そのすべてが両サイドにうまく分配されるってすごいですね。

そうでしょう。
まず，すべての染色体が整列しないと，分離ははじまりません。さらに整列をチェックするしくみも細胞にそなわっています。これらのしくみによって，均等に染色体を1セットずつ分配することができるのです。

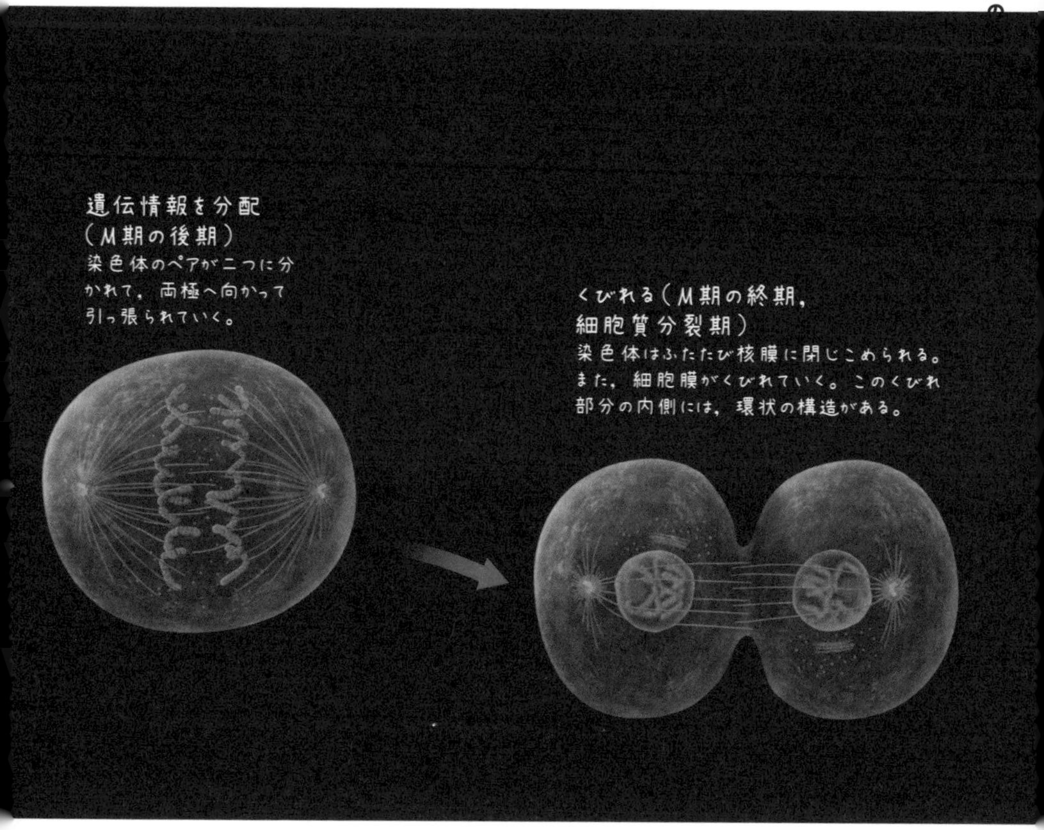

ものすごく緻密なしくみなんですね。……なんか，すべてうまくいくように，誰かが設計したみたい……。

はははは。本当ですね。
さて，染色体が細胞の両サイドにある紡錘体極にたどりつくと，分配が完了です。
それぞれの染色体のまわりには，再び，**核膜**があらわれます。

細胞はじょじょにくびれていく

DNAを増やして，それぞれを細胞の両側に集めただけでは細胞分裂は完了しません。
当然，細胞自体が二つに分かれないといけませんね。

ええ，1個の細胞が二つに分かれないと！
細胞はどうやって，二つに分かれるのでしょうか？

ヒトのような動物の細胞分裂では，細胞がじょじょにくびれていき，最終的に二つにちぎれます。

くびれてちぎれる～？

いったいどうやって？

くびれを生みだして細胞を“ちぎる”装置は**収縮環**とよばれています。まるでリングのような構造をしています。
収縮環の正体は，主に**アクチン**と**ミオシン**という2種類の線維（フィラメント）がたくさん集まったものです。

アクチンとミオシン？
それって，筋肉を動かすときに出てきたタンパク質ですよね？　それが細胞分裂にもかかわっているんですか？

よく覚えていましたね。
アクチンとミオシンは筋肉の動きを生みだすタンパク質でもあります。

収縮環でも，ミオシン線維がアクチン線維を引っ張る反応がおき，これによって細胞はくびれていくのです。

どういうことでしょうか？

収縮環のしくみは，複数人が手をつないで大きな輪をつくったあとに，腕を縮めて輪を小さくすることに似ています。
収縮環のアクチン線維は間接的に細胞膜につながっていると考えられています。
ミオシン線維は，このアクチン線維を引き寄せるように引っ張ります。すると，収縮環が縮まっていきます。これによって，細胞がくびれていくのです。

筋肉が縮むしくみと似たようなしくみで，リングが縮んで，細胞がくびれていくんですね。

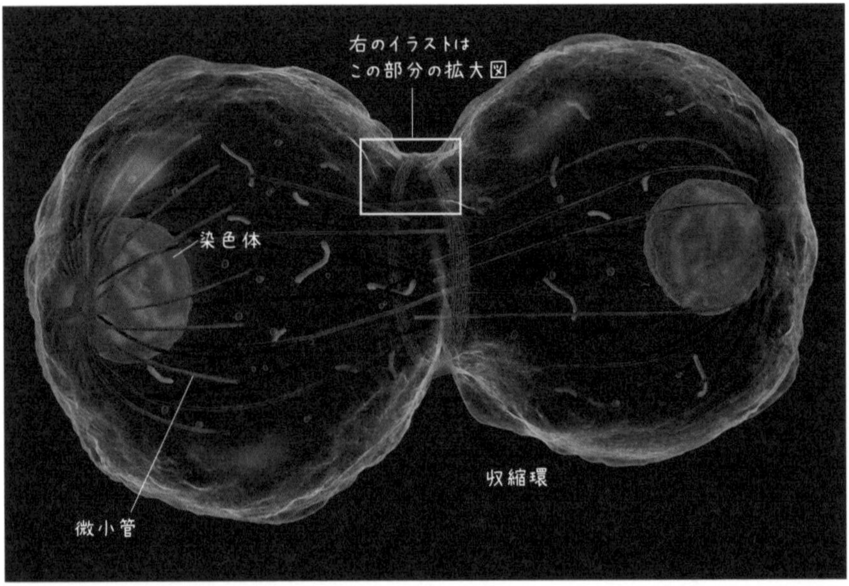

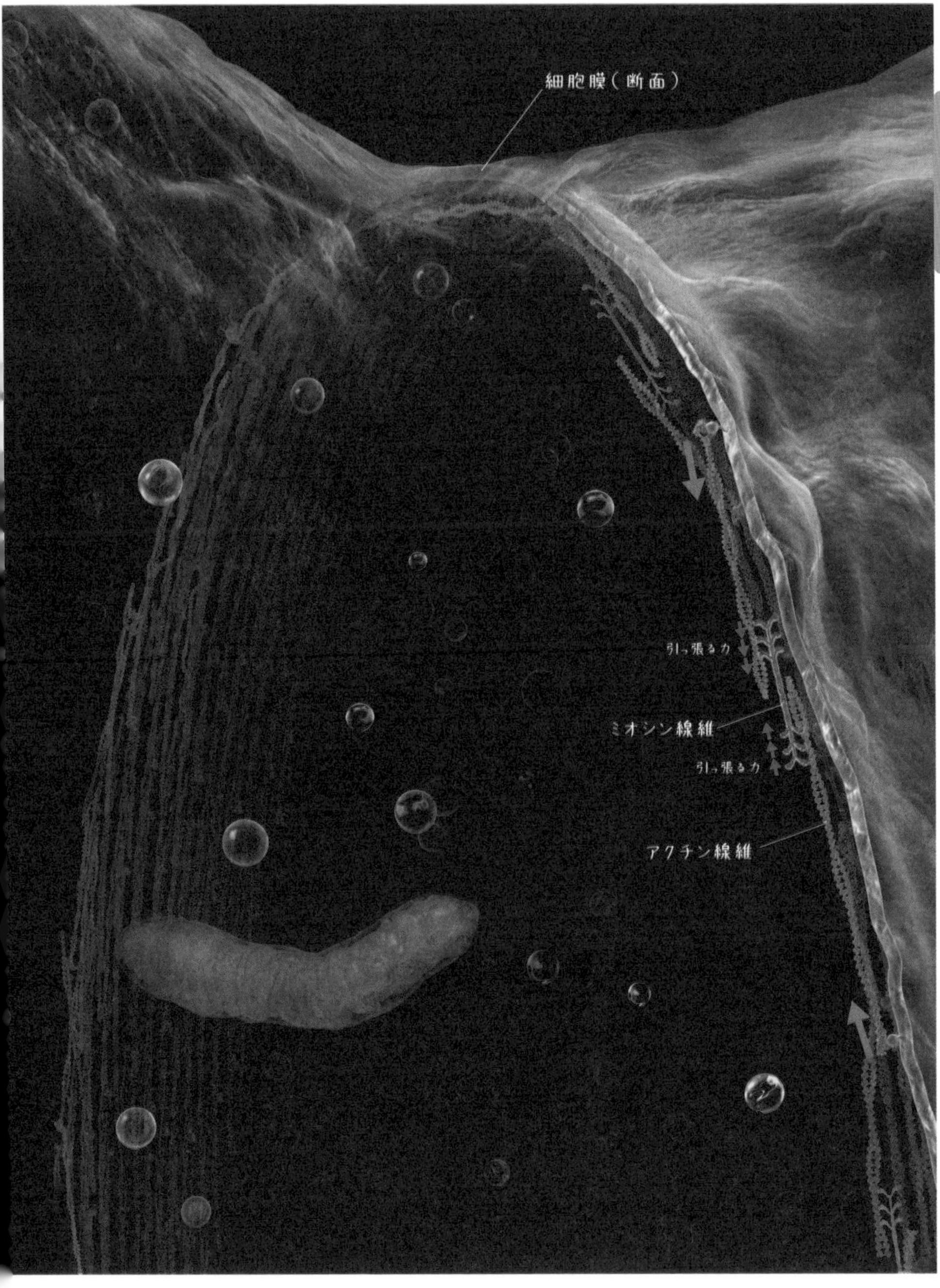

細胞膜（断面）
引っ張る力
ミオシン線維
引っ張る力
アクチン線維

ええ，そうです。
ただし，筋肉の収縮装置である筋原線維ではアクチン線維もミオシン線維も安定にいつも存在します。
しかし収縮環は，できたり消えたりするダイナミックなもので，短いものではわずか数分しか寿命がありません。

同じタンパク質でも，場所と用途によってちがったふるまいをする……。うーん，細胞って，不思議ですね。

植物の細胞は間に仕切りができて分裂する

これまでは動物細胞の細胞分裂を見てきましたが，ここで**植物細胞**の分裂を少し見てみましょう。
植物細胞では，動物細胞と細胞を二つに分けるしくみが大きくことなっています。
動物細胞はくびれができて分裂しましたが，植物細胞は**“仕切り”**がつくられて，分裂するんです。

仕切り？

分裂する植物の細胞には，まず**フラグモプラスト**という，数千本以上もの微小管でつくられた構造があらわれます。

ふらぐも……なんですって？

フラグモプラスト，です。フラグモは「壁」，プラストは「～できたもの」を意味します。
フラグモプラストができると，微小管の上を多数の小さな粒が運ばれていきます。
そして，フラグモプラストの中央で融合して，二つの細胞を仕切る壁となる，新たな細胞膜をつくりだすのです。この壁は，**細胞板**ともよばれます。

動物と植物では，細胞分裂のしかたがちがうんですね。

はい。
また，たとえば，ヒトと同じ真核生物である菌類の**分裂酵母**では，分裂時の中央部に**収縮環**があらわれます。
一方，パンや酒に使われる**出芽酵母**のように，芽を生やすような，変わった分裂をするものもいます。

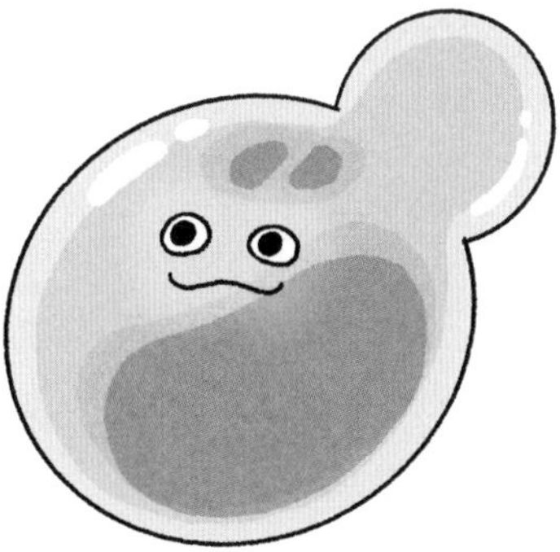

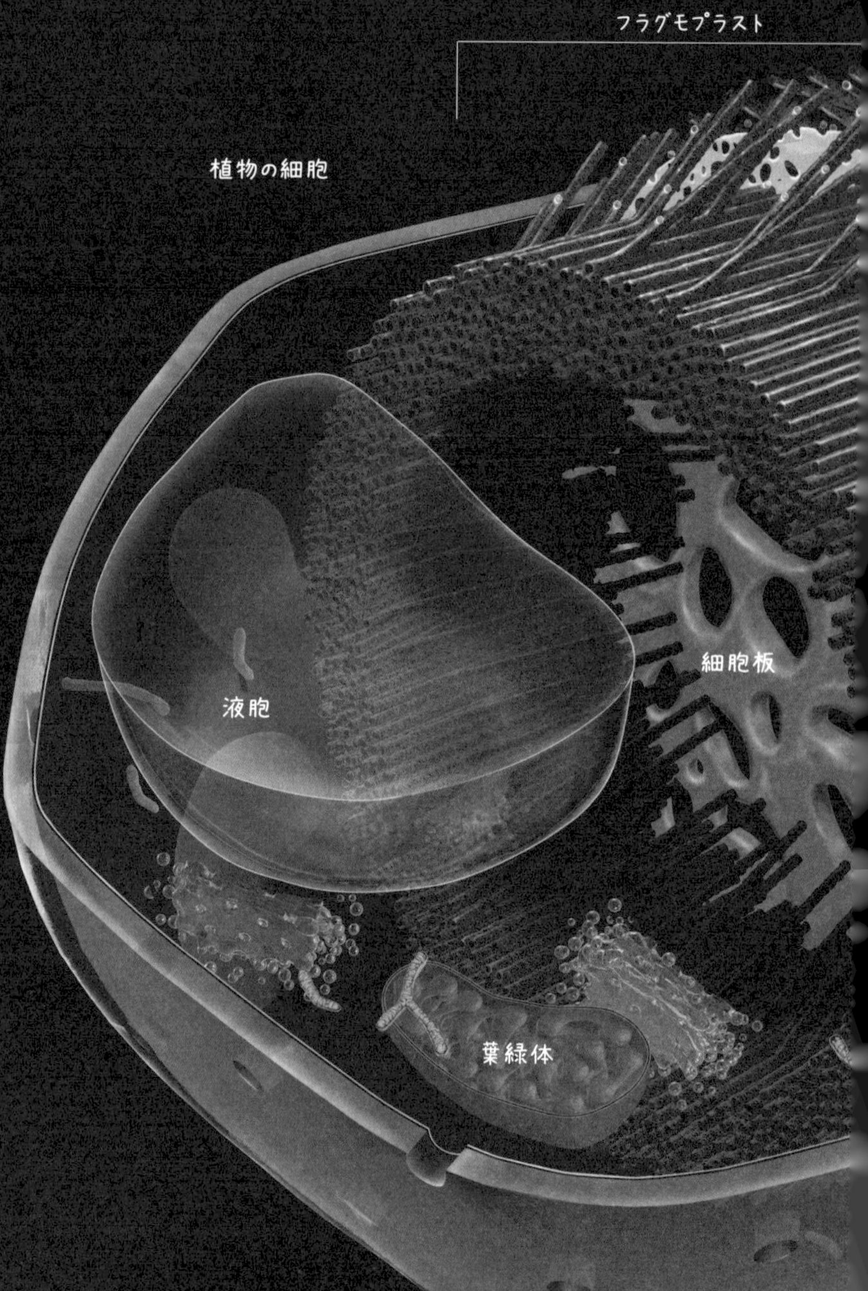
フラグモプラスト
植物の細胞
細胞板
液胞
葉緑体

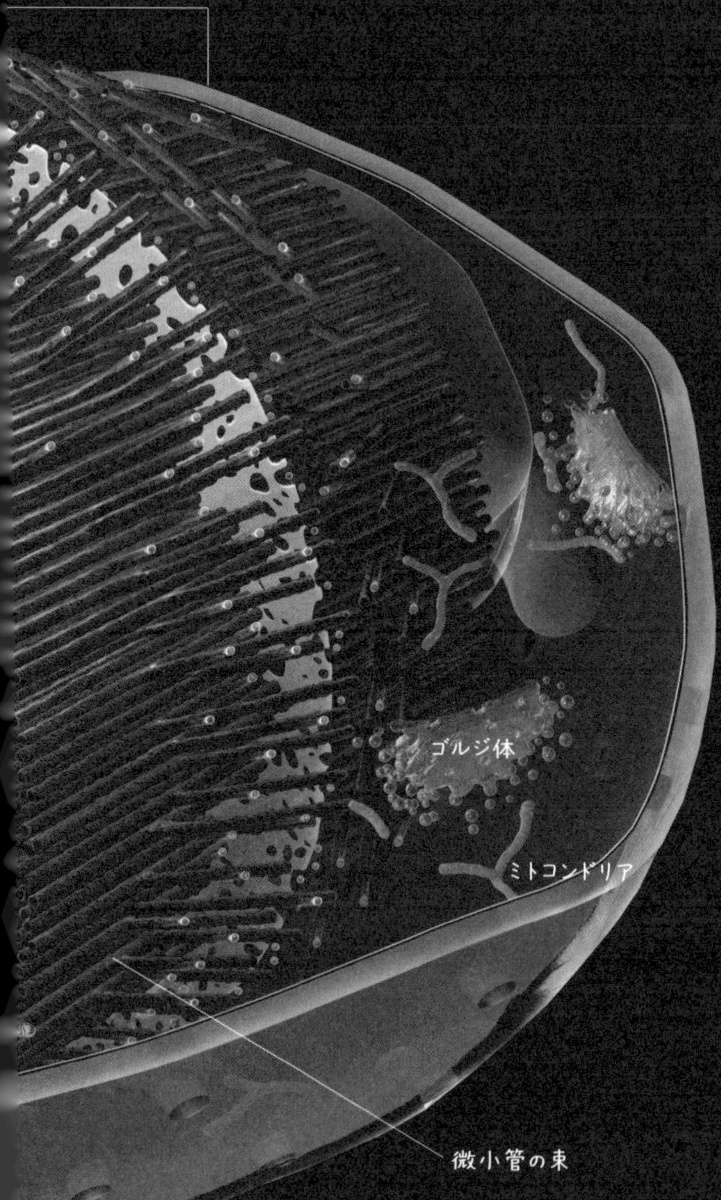
ゴルジ体
ミトコンドリア
微小管の束

へー，いろんなタイプがあるんですね。

そうなんです。
ただ，分裂のしかたはさまざまなのですが，分裂のサイクルである**細胞周期**は，菌類からヒトまで，よく似た分子によって支えられています。

ほほう。

細胞分裂では，細胞本体を分裂させることはもちろんですが，遺伝情報を保存したDNAを2個の細胞へ分配することがとても重要です。
DNAを正しく分配できないと困るため，細胞周期を支えるしくみは，進化の歴史の長きにわたって強固に受けつがれてきたといえます。

細胞分裂の巧妙なしくみは，私たちのふるーい祖先からずっと受け継いできたものなんですね。

精子や卵子をつくる分裂は普通の分裂とは少しちがう

私たちの体をつくる一般的な体細胞が行う体細胞分裂とは少しちがった細胞分裂をする細胞がいます。
それが精子や卵子をつくる**生殖細胞**です。
生殖細胞は**減数分裂**という特別な細胞分裂を行います。

減数分裂？

たとえ同じ両親から生まれた兄弟姉妹であっても，一卵性多胎児という場合を除いて，基本的にみなそれぞれちがった遺伝情報をもっています。
そのわけは，精子や卵子をつくる際の減数分裂のしくみにあるのです。

減数分裂は，体細胞分裂とどうちがうんですか？

今まで説明してきた通常の体細胞分裂では，分裂後の細胞に分配される染色体の本数は，分裂前の細胞と同じになります。
ヒトは46本の染色体をもっており，体細胞分裂の前後でこの本数が変わることはありません。

そうですよね，もとのDNAを分裂後の細胞にすべてちゃんと配分しないといけないんですからね。

これに対して減数分裂では，DNAの複製のあと，2度の細胞分裂がおきて，最終的に分裂後の細胞に分配される染色体の本数がもとの半分に減ります。
これが**減数**の意味するところなんです。

え？　え？　どういうこと？　ちょっと，わからないです！

体細胞分裂と減数分裂をイラストで整理しながら見ていきましょう。
もともと私たちがもっている46本の染色体のうち，半分の23本は母親から，半分の23本は父親から受け継いだものです。23種類の染色体を二つずつ，合計46本の染色体を私たちの細胞はもっているわけです。
ここまではいいですか？

は，はいOKです。

46本の染色体をイラストにえがくのは，少し面倒なので，6本の染色体で考えてみましょう。
6本のうち，半分が父由来，残り半分が母由来です。

3本ずつってことですね。

そうです。
通常の体細胞分裂では，すべての染色体が倍増したのち，二つの細胞に46本の染色体がすべて分配されます。

分裂の前後で，染色体の本数は変わらないわけですね。

はい，そうです。
ところが，生殖細胞でおきる減数分裂はちがいます。

どうちがうんですか？

まず，それぞれの染色体が複製されて倍増するのは体細胞分裂と同じです。
しかし，このあとに面白いことがおきます。
父由来のものと母由来のものとで，対応する染色体がつながったのち，一部が組み換わるのです（B2）。

組み換わる～？

はい，染色体の一部が交換されるわけですね。
その後，細胞が分裂し，**父由来の染色体**と**母由来の染色体**が，二つの細胞のどちらかへ分配されます（B3）。
厳密には，交換されてまざりあっているので，どちら由来といえなくなっていますが，ここでは考えやすくするために，くびれの部分の由来で区別しています。

分裂後の細胞は，両親どちらかの染色体しか，もっていないわけですね。

体細胞分裂

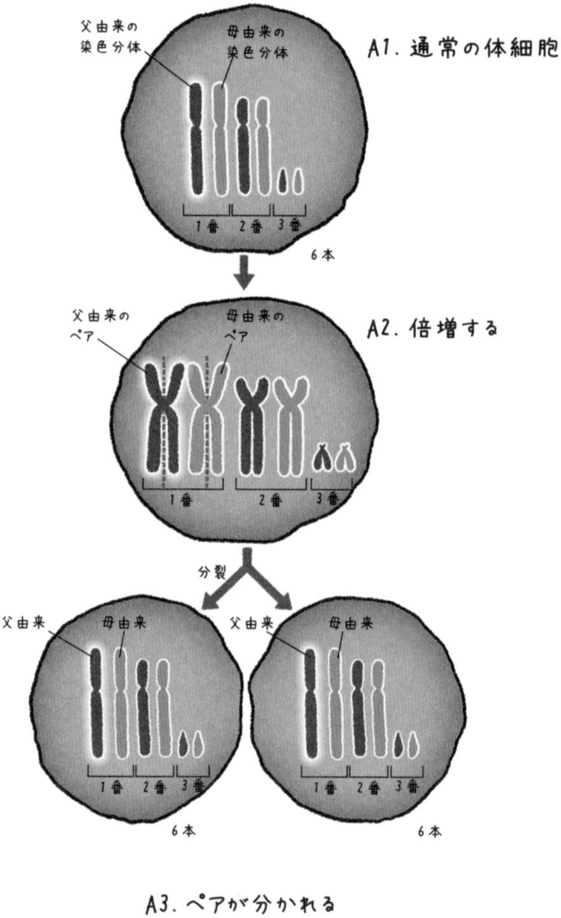
A1. 通常の体細胞
父由来の
染色分体
母由来の
染色分体
1番
2番
3番
6本
A2. 倍増する
父由来の
ペア
母由来の
ペア
1番
2番
3番
分裂
父由来
母由来
1番
2番
3番
6本
父由来
母由来
1番
2番
3番
6本
A3. ペアが分かれる

減数分裂

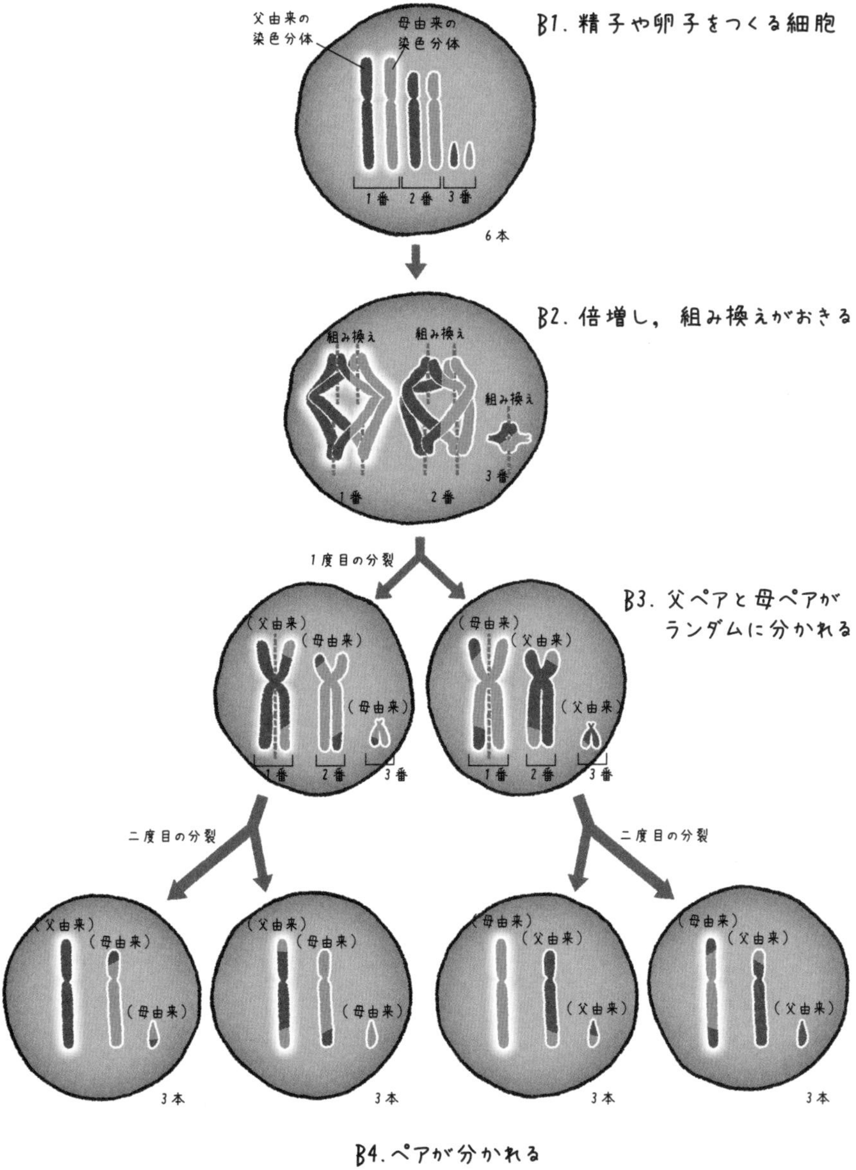
父由来の染色分体
母由来の染色分体
B1. 精子や卵子をつくる細胞
1番
2番
3番
6本
B2. 倍増し，組み換えがおきる
組み換え
組み換え
組み換え
1番
2番
3番
1度目の分裂
B3. 父ペアと母ペアがランダムに分かれる
(父由来)
(母由来)
(母由来)
1番
2番
3番
(母由来)
(父由来)
(父由来)
1番
2番
3番
二度目の分裂
二度目の分裂
(父由来)
(母由来)
(母由来)
3本
(父由来)
(母由来)
(母由来)
3本
(母由来)
(父由来)
(父由来)
3本
(母由来)
(父由来)
(父由来)
3本
B4. ペアが分かれる

はい。ただし，ここで重要なのは，ヒトの23種類の染色体それぞれについて，父由来の染色体と母由来の染色体はランダムに分配される，ということです。たとえば，分裂後の一方の細胞がもつ染色体は「1番：父，2番：父，3番：母……」のような組み合わせがおこりえます。
この組み合わせだけでも，2の23乗，すなわち800万通りをこえます。

800万通り……。気が遠くなりそうですよ。

さて，この1度目の細胞分裂で分配された父あるいは母由来の染色体は，複製されたDNAのペアを保ったままの状態です。
その後，さらに2度目の細胞分裂がおきます。ここでペアが分離し，二つの細胞にペアの一方が分配されます（B4）。

もう一度細胞が分裂するんですね。

減数分裂では，はじめに染色体が2倍になったのち，2回分裂をくりかえすわけです。
ですから，はじめの細胞に含まれていた染色体の本数と比べると，減数分裂後には，染色体は半減するわけです。

ふ，ふくざつ……。
これが精子や卵子をつくるときにおきる減数分裂なんですね。

はい。
できあがった精子や卵子に含まれる染色体のうち，父由来と母由来がそれぞれ何本あるかはランダムに決まります。
また，最初の分裂の前に，両者は組み換えによってまざりあっていますから，精子や卵子がもつ遺伝情報のパターンはものすごいバリエーションがあることになります。

どういうことですか？

あなたにはご兄弟はいますか？

はい。弟がいますけど……。

同じ両親から生まれた子供どうしでも，あなたと弟さんは，もっているDNA（遺伝情報）がことなります。
これは精子や卵子の染色体のうち，父由来と母由来が何本あるかがランダムで決まっており，さらにその染色体自身もまざりあっているからです。
一卵性双生児でないかぎり，兄弟や姉妹であっても，両親から同じ遺伝情報を受けつぐわけではないのです。

なるほど！
同じ両親のDNAから生じた兄弟姉妹でも，もっているDNAはことなるのですね。

そういうことです。
さて，減数分裂によってつくられた精子や卵子は，受精すると，おたがいの26本の染色体が合わさって，再び46本の染色体をもつようになります。

3時間目

細胞の老化と再生医療

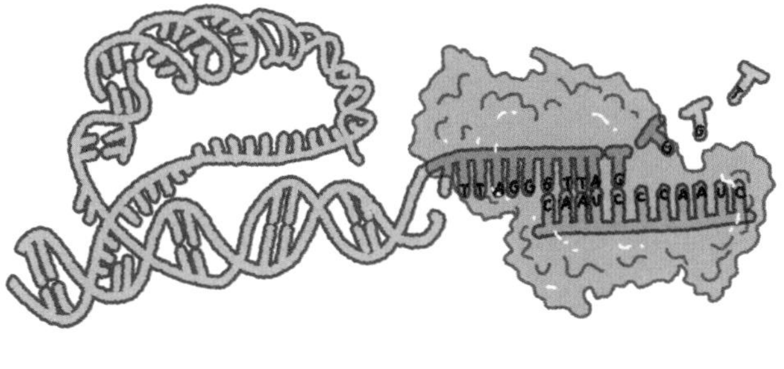

STEP 1

細胞の老化や死が病気をもたらす

細胞は無限に生きていくことはできません。分裂をつづけた細胞はやがて老化し，死をむかえます。細胞の老化や死は，私たちの体にどのような影響をあたえるのでしょうか。

毎日4000億個の細胞が死んでいる

ここからは，**細胞の老化と死**について考えていきましょう。
生き物が死ぬのは，ほかの生き物に食べられたり，事故にあったり，病気になったり，理由はさまざまです。
しかし，人は多くの場合，老化が引きおこす病気によって死にます。たとえば，現在，日本人の死因第2位になっている**心疾患**は，主に心臓が老化することが引き金になります。

心臓の病気も，老化によっておこることが多いんですね。
体のあらゆる器官って，年齢を重ねるごとに，ゆっくりと衰えていくんだ……。
でも，そもそも，なぜ体は老化していくんでしょうか？
老化って，つまり何が原因なんですか？

年齢とともに体が老化していくのは，体を構成する**体細胞**の機能が徐々に低下し，死んでいくためです。

細胞が死ぬ？

私たちの個体の老化や死の根本的な原因は，細胞レベルにあるということですか。

そうですね。
細胞が死ぬことによって，組織や臓器などがうまくはたらかなくなっていくんです。

ひぇー，細胞はどうして死ぬんでしょうか？

実は**細胞の死に方は，大きく分けて2通りあります。**
それは，**事故死（壊死）**と**自死**です。

事故死と自死……？

はい。
事故死は，外傷や栄養不足などによる細胞の死です。
こうした細胞の事故死のことを**ネクローシス**といいます。

不測の事態による不慮の死，ということですね。

そうです。
それに対して，細胞が自ら死んでいくのが自死です。私たちの体では1日に3000億～4000億個もの細胞が自ら死んでいっています。重さにすると約200グラムになります。

そんなに細胞が死んでいって大丈夫なんですか!?
体重もどんどん減ってしまうじゃないですか！

死んでいく細胞のかわりに新しい細胞が生まれているので大丈夫です。

でも細胞はなぜ自死するんですか？

生物が体の構造を維持するためには，古くなった細胞を新しい細胞に入れかえる必要があるからです。
これが，いわゆる**新陳代謝**とよばれる現象です。
老化したり異常になったりした細胞を，自死によってとりのぞくことで生命を保っているんですよ。**細胞の自死は，生物にもともとそなわったしくみなんです。**

なるほど。
生きていくために必要な死ということですね。なんだか哲学的だなあ……。

まさにその通りですね。
細胞の自死は生と死のバランスをつかさどっており，私たちが生きていくうえで必要なしくみなのです。

ポイント！

細胞の死

細胞は1日に3000～4000億個死んでいる。

・事故死（壊死）

……外傷や栄養不足などによる細胞の死。
（ネクローシス）

・自死

……細胞自らによる死。
老化したり異常になったりした細胞を自らとりのぞき，新しい細胞と入れかえることで生命を保つ。

脳の細胞の死は，定期券タイプ

細胞の自死についてもう少しくわしく見ていきましょう。細胞は自死のしくみによって，**定期券タイプ**と**回数券タイプ**の2種類に大きく分けることができます。

え？　それって，電車に乗るときに使う，あの定期券と回数券ですか？

そうです。
まず，**「定期券タイプ」の細胞とは，生まれてから死ぬまでほとんど入れかわることのない細胞のことです。**

そんな細胞があるんですか？

脳の神経細胞や**心臓の心筋細胞**がこのタイプです。
これらの細胞は，細胞分裂をしないかわりに**長寿**です。
ヒトの場合，定期券タイプの細胞は100年近い寿命をもっています。

一つの細胞が100年も使いつづけられるんですか。

ええ。
たとえば，脳の神経細胞は，胎児の時期には分裂してふえますが，生後はほとんどふえることなく，だんだんその数を減らしていきます。人間の生涯で平均すると，1日に約**10万個**の神経細胞が脳で死んでいっていると考えられています。
このように，長い期間にわたって使われ，期限がくると自死することから，このタイプの細胞は「定期券」にたとえることができるわけです。

なるほど～。うまいたとえですね。

なお，近年では，分裂することのできるタイプの神経細胞も脳内で見つかっていますけどね。

脳の神経細胞は定期券タイプ

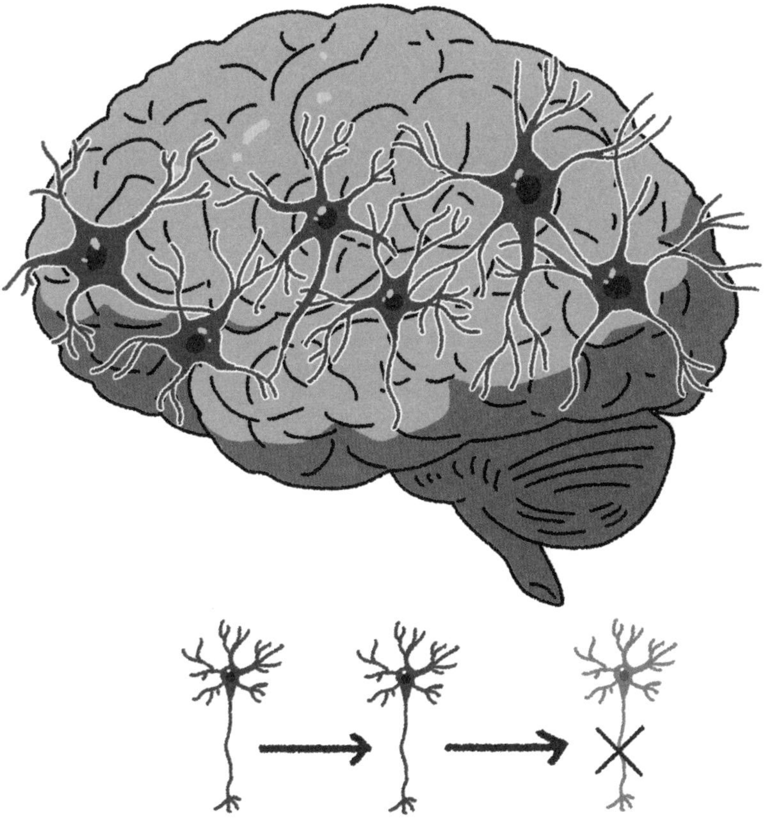

皮膚の細胞の死は，回数券タイプ

もう一つの「回数券タイプ」ってどういうものですか？

「回数券タイプ」の細胞とは，自死によって頻繁に入れかわる細胞のことです。

どういう細胞が回数券タイプの細胞なんですか？

ヒトの**皮膚の細胞**がこのタイプです。ヒトの皮膚の細胞は約4週間で入れかわります。このような細胞の寿命は，時間ではなく**分裂の回数**によって決まります。

分裂の回数？

細胞は分裂すると二つになります。
ヒトの細胞は，このような分裂を50～60回くりかえすと，老化して**自死**に至るのです。

50～60回分の回数券をもっているということですか？

そういうことです。
ヒトの皮膚には，表皮の一番底に基底層という領域があり，この基底層の細胞が分裂して，新しい細胞を生みだします。

ヒトの皮膚の細胞は回数券タイプ

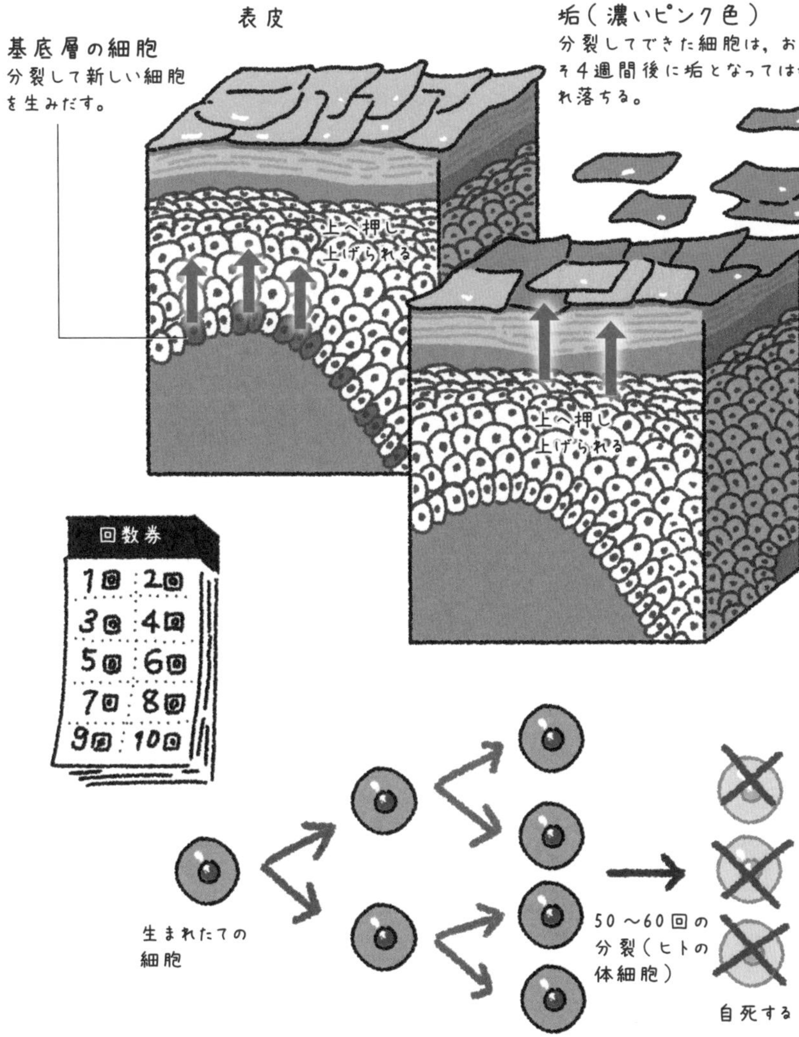

新しく生まれた細胞は，徐々に性質を変えながら押し上げられて，4週間ほどで皮膚からはがれ落ちます。ですので，回数券タイプの細胞は新しい細胞を生みだす細胞とセットになっています。

おお，いわゆる垢ですね。

そうです。
この基底層の細胞は，数を減らしつつも，生涯にわたって新しい細胞をつくりつづけます。
さて，ここまで見てきたように，ヒトの体は「定期券タイプの細胞」と「回数券タイプの細胞」でできています。
このうち，**生物の個体にとってとくに致命的なのは，ある程度の数の「定期券細胞」が死んでしまうことです。**

神経細胞や心筋細胞ですね。
たしか定期券細胞は，かえがきかないということですもんね。

ええ。
脳の神経細胞や心臓の心筋細胞は生命の維持に直結しているため，これらの「定期券細胞」が死んでしまうことは，私たちが生きていくうえで重要な問題となります。
もちろん，皮膚細胞のような「回数券タイプ」の細胞の自死が進みすぎることでも，個体は老化して死に至ります。

なるほど。
結局，どちらの細胞もヒトが生きていくために欠かせないってことですね。

そういうことです。
ところで，生物の中には，定期券タイプのみ，もしくは回数券タイプのみで体ができているものもいるんですよ。

え？
そんな生物いるんですか？

たとえば，**昆虫の成虫**は定期券タイプの細胞だけでできています。
昆虫の成虫は，新たに分裂する細胞をもっていないため，ケガをしても自力で治すことができません。

ああ……。

一方，**プラナリア**は，ほぼ回数券タイプの細胞だけでできています。
プラナリアは切っても切っても再生することができます。
これは新しい細胞をじゃんじゃんつくれる細胞を全身にたくさん持っているからです。

細胞は，ヤバくなったら自殺する

細胞が老化したり，分裂の限界をむかえて自死する以外にも**アポトーシス**という死に方もあります。

「アホトーシス」ってどういう意味なんですか？

アホではなく，アポです。アポトーシスとは，ギリシア語で**「葉や花が散る」**という意味です。

もとはギリシア語なんですね。
アポトーシスは，どうやっておきるんでしょうか？

アポトーシスはホルモンやウイルス，放射線などのさまざまな刺激が引き金となっておこります。
次のページのイラストを見てください。これらの刺激を受けた細胞は，まず**カスパーゼ**という，タンパク質を切りきざむ酵素を活性化させます（イラスト1，2）。

タンパク質を切りきざむ……。なかなか過激ですね。

カスパーゼが分解するタンパク質の中には，**DNA**を分解する酵素のはたらきをおさえこんでいるタンパク質も含まれています。

それはつまり，DNAが分解されるってこと!?
それって，やばいですよね？

ええ。DNAは**生命の設計図**ともいわれ，細胞が生きていくために必須の物質です。
DNAの分解を防ぐタンパク質がカスパーゼによって破壊されると，DNA分解酵素がはたらきだし，DNAがバラバラの断片にされてしまいます（3）。
DNAが断片化されると，細胞が正常な機能をとりもどすことはありません。

ということは，その時点で**死が決まる**わけですね。

そうです。
そして細胞はどんどんちぎれていき，最終的に小さな袋に分けられ，となり合う細胞や，**マクロファージ**という細胞に取りこまれます（4，5）。

マクロファージは貪食《どんしょく》細胞ともよばれ，体の異物を取りこんで分解してしまう細胞です。

アポトーシスのしくみ

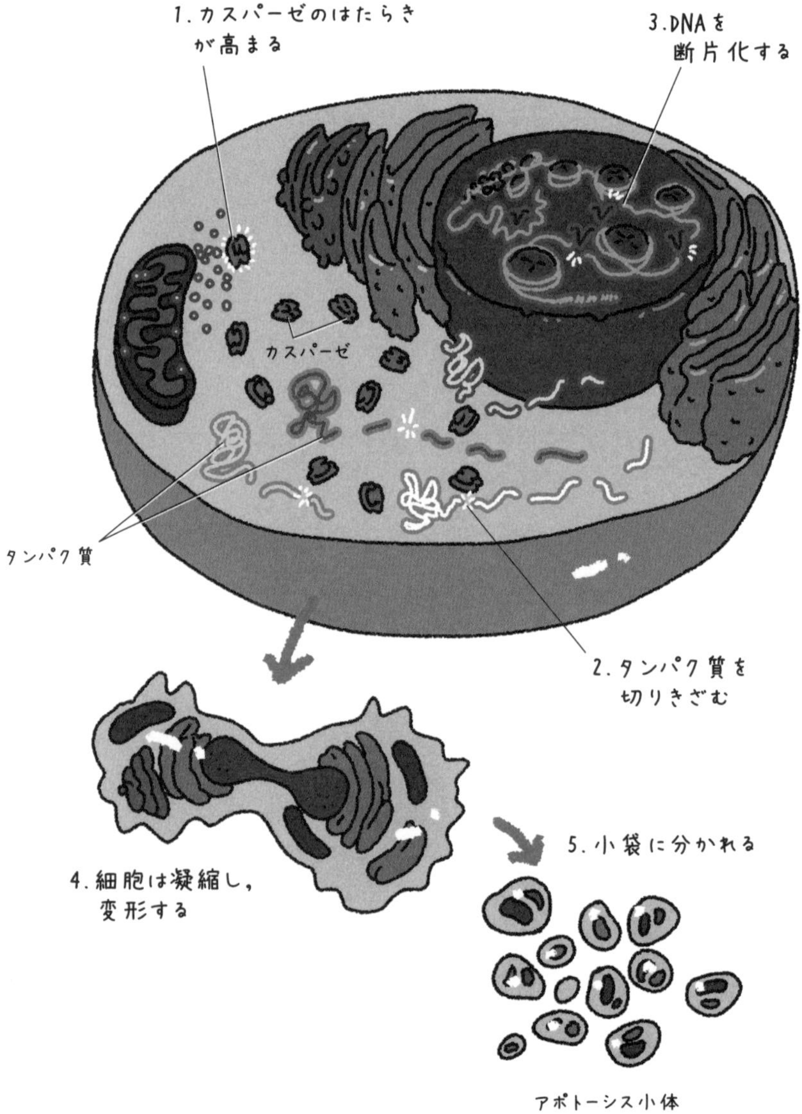

マクロファージは免疫のところでも出てきましたね。
それで，刺激を受けてからアポトーシスが完了するまでどれくらいの時間がかかるんですか？

おおよそ2～3時間です。

えっ！　はや！

アポトーシスは，体の複雑な形をつくるときにも利用されます。
たとえば**手の指**はその一例です。手の指って，5本に分かれた複雑な形をしていますよね。
これは，**胎児のときに，細胞で大きな手のかたまりをつくったあとに，指と指の間を埋めている細胞が，アポトーシスによって取り除かれるんです。**

へぇ～っ！
まるで彫刻をつくっているみたいですね。
死というとネガティブなイメージでしたが，必ずしもそういうわけではないんですね！

「テロメア」が細胞の老化具合を決める

細胞分裂を頻繁に行う「回数券タイプ」の細胞は，分裂回数の上限に至ると，老化して増殖を停止し，やがて死にます。

たしか通常の細胞は，50～60回くらいしか分裂できないんでしたね。

試験管で細胞を培養すると，そうなります。
細胞分裂ができなくなった細胞は，もう二度ともとの状態にもどることはできません。
歳をとると傷が治りにくくなったり，貧血になりやすくなったりする原因の一つは，肌をつくる細胞や血液をつくる細胞の中で，老化して分裂ができなくなった細胞の割合が多くなったためだといえます。
そして，このような回数券タイプの細胞の老化も，私たちの**寿命**にも影響していると考えられています。

細胞の老化や死が，私たち自身の老化や死につながるんでしたね。
でも，いったいなぜ，回数券タイプの細胞は無限に分裂できないんでしょうか？

細胞の分裂に上限がある原因の一つは，DNAの末端にある，**テロメア**という特殊な領域にあるともいわれています。

てろめあ？

そもそもDNAは，細長い2本の鎖が向かい合った二重らせん構造をしています。それぞれの鎖の上には，アデニン（A），グアニン（G），シトシン（C），チミン（T）の4種類の塩基が並んでおり，この塩基の並び順で，遺伝情報を保存しています。

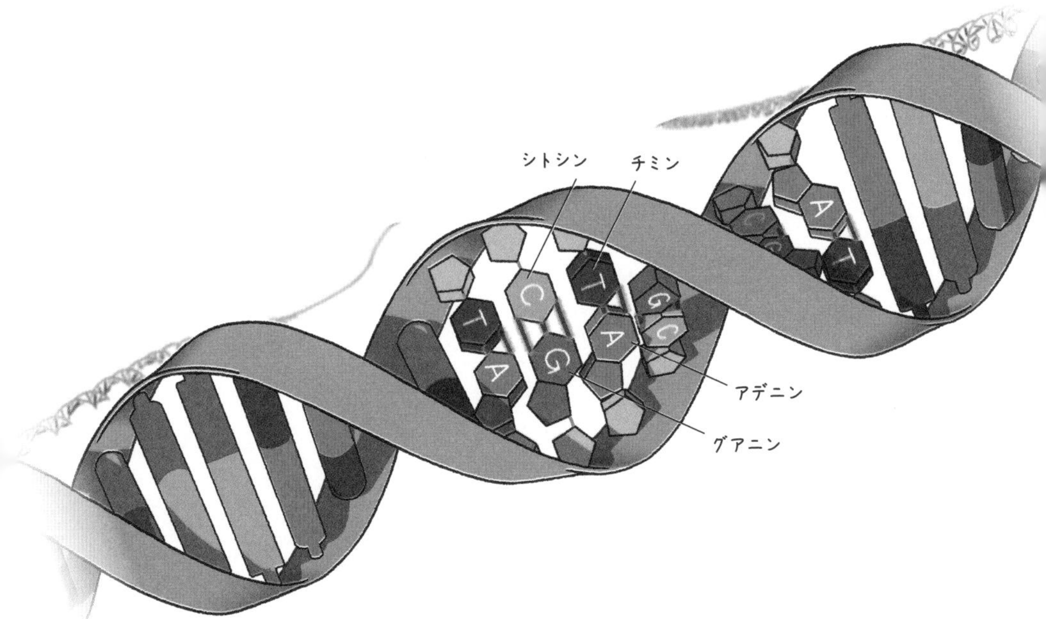

塩基は，遺伝情報を記した文字のようなものなんでしたね。
それでテロメアっていうのは？

DNAの末端の領域をテロメアといいます。テロメアとは，ギリシア語で「末端の部分」という意味です。
テロメアでは，T-T-A-G-G-Gという六つの塩基からなる配列が，5000～2万個くりかえされています。

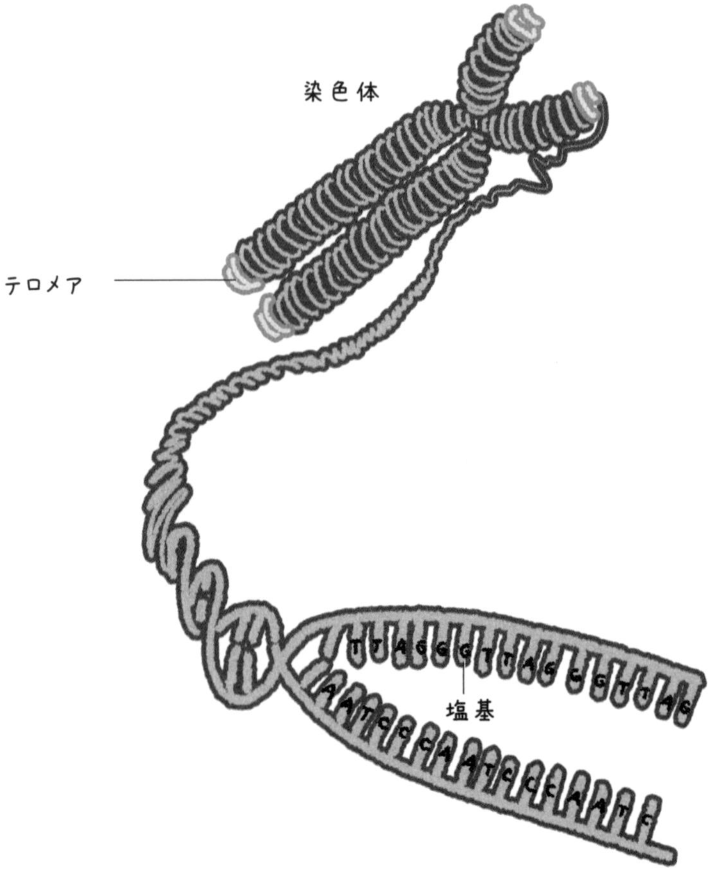

ひえ～！
不思議だなあ……。なぜ，そんなものがDNAの末端にあるんですか？

それは，DNAを**保護**するためです。
DNAの末端はそのままの状態で存在していると，端から削られて分解したり，DNAどうしが結合したりしてしまいます。
すると，細胞のがん化をはじめとした，さまざまな異常が生じてしまう可能性があるんです。

なるほど……。その末端を保護する役割をになっているのがテロメアだと。

そうです。DNAの末端を，**キャップ**のように保護しているわけですね。
テロメアにはいくつかのタンパク質が結合して，特殊な構造をつくっています。このタンパク質が末端部分を保護しているんです。

うまくできているなあ。
それで，そのテロメアが，細胞の分裂回数と何の関係があるんでしょうか？

DNAは，細胞が分裂するたびにコピーされます。
実はこのとき，テロメアは少しずつ削られて短くなっていくんです。

そして，**テロメアをつくっている塩基が5000個ぐらいまで減って極限まで短くなると，その細胞は分裂を止め，老化細胞になってしまうのです。**
つまりテロメアは，「細胞分裂の上限回数」を決めているわけなんですよ。

テロメアが，**細胞分裂の回数券の正体**だったってことですね。

一つの要因かもしれません。赤ちゃんと老人では，テロメアの長さが違うことがわかっています。

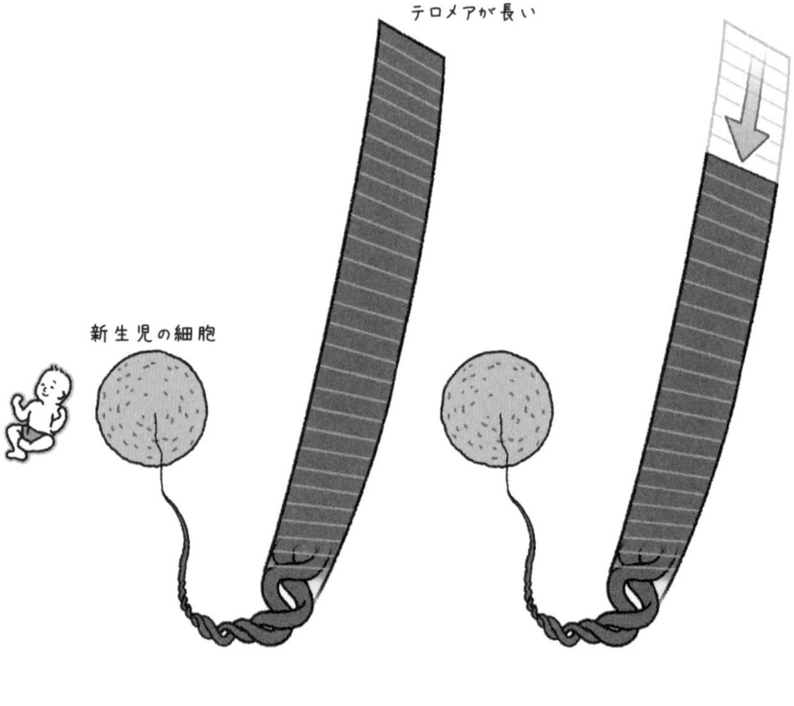

赤ちゃんの体から取りだして培養した細胞は，50回ほど分裂できます。
しかし，老人の細胞はそれよりも少ない回数しか分裂できません。
これはテロメアの長さが赤ちゃんの細胞では長く，高齢者の細胞では短いことで説明できます。
ただ実際には個人差は大きいです。高齢者でも長い人も居れば、若い人でも短い人もいます。

生まれたばかりの赤ちゃんのテロメアはとても長くて「新しい回数券」をもっているわけですね。
そして，これを一つずつちぎりながら，生きていくわけか。

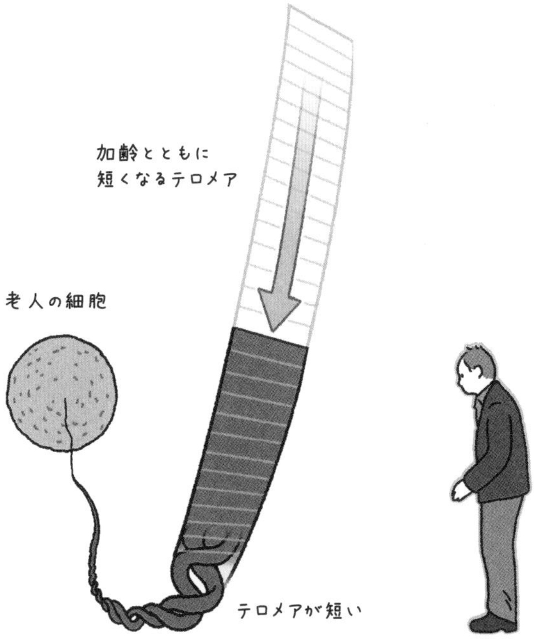

また，テロメアの長さにはストレスも影響するようです。虐待などを受けた子供のテロメアが，短くなっていることを示す研究結果もあります。

ひどい……。

一方，細胞の中には，テロメアをもとにもどすことのできる細胞があります。それが，先ほど出てきた新しい細胞をじゃんじゃんつくる細胞で，**幹細胞**という細胞です。

かんさいぼう？

幹細胞は，分裂して複数のタイプの細胞をつくりだす能力をもっており，死んだ細胞を新しい細胞で置きかえる役割をになっています。
皮膚や腸，血球などの細胞は，日々死んでいきますが，こうして失われた細胞は，幹細胞が分裂してできる新しい細胞によって置きかわっていくのです。

なるほど，そうやって私たちの体は維持されていくんですね。

はい。幹細胞は，新しい細胞を生む**親**のような，特殊な細胞なのです。

幹細胞はなぜテロメアをもとにもどせるんですか？

幹細胞は，削られたテロメアをもとにもどす**テロメア合成酵素（テロメラーゼ）**という酵素をもっているからです。
この酵素は，末端に塩基をつなげてDNAをのばす反応をおこします。
そのため，幹細胞ではテロメアが長く保たれ，生涯，分裂しつづけることができるんです。

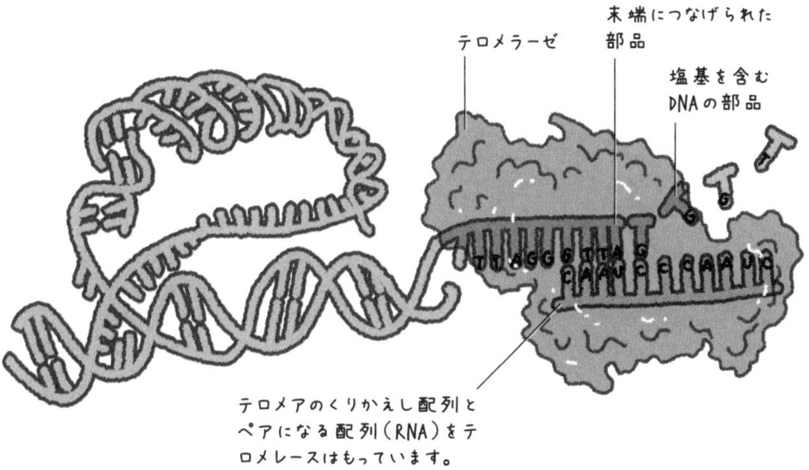

へぇ～！
じゃあ，幹細胞には寿命がないってことでしょうか!?

いいえ，そういうわけでもありません。
幹細胞のテロメアも，徐々にではありますが短くなります。

なるほど。永遠のものはないっていうことですね。
残念……。

幹細胞のテロメアが短くなる速度には個人差があり，その速度が，一人一人の老化の進みやすさや寿命に関係していると考える研究者もいます。
ただ，テロメアと個体の老化との関係は研究中で，まだはっきりとはわかっていません。たとえばマウスは，老化してもすごく長いテロメアをもっています。

「活性酸素」が細胞を老化させる

ここまで説明してきたように，皮膚や内臓，血液などの細胞は古くなると死んでいき，分裂でできた新しい細胞に置きかえられます。
一方，脳をつくる神経細胞や，心臓をつくる心筋細胞などの細胞は，基本的には新しい細胞に置きかわることはありません。

定期券タイプの細胞ですね。

はい。リフレッシュされることのない定期券タイプの細胞は，その人の寿命がつきるまで，今ある細胞がはたらきつづけます。
そして，これらの細胞が老化すれば，脳や心臓のはたらきが悪くなり，死に直結することになります。

ふむふむ。
このような定期券タイプの細胞は，どうして老化するんでしょうか？

これらの細胞の老化をもたらすのは，主に**老廃物の蓄積**や**タンパク質の劣化**，そして**DNAの傷**です。

DNAの傷……。

これらは，**紫外線**や**有害物質**，そして**活性酸素**などの刺激によって引きおこされます。

紫外線や有害物質って，やっぱり体によくないんですね！
でも，この二つは意識すれば浴びるのを減らせそうです。

そうですね。
しかし，活性酸素は厄介です。
活性酸素は細胞の中で発生するため，意識して減らすことができません。

かっせいさんそって何ですか？

活性酸素は，主に細胞内のエネルギー工場というべきミトコンドリアで発生する，反応性の高い酸素です。
ミトコンドリアでは，食事で得た栄養を燃料にして，ATPを生産しています。このとき副産物として活性酸素が生じてしまうんです。
活性酸素は，とくにはたらきの悪くなったミトコンドリアから多く放出されることがわかっています。

活性酸素ができるとどうなるんですか？

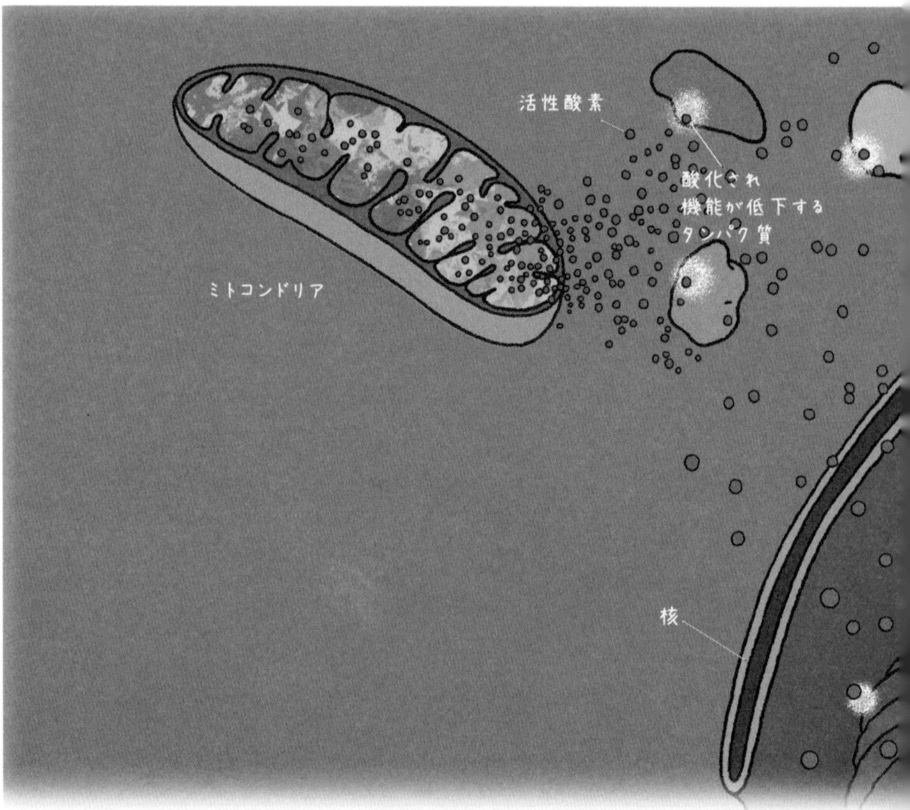

活性酸素は，細胞の中にあるタンパク質などのさまざまな物質と結合（酸化）し，劣化させます。さらに，細胞の核にあるDNAに傷をつけます。
その結果，細胞の機能が低下します。これが，細胞の老化です。**脳や心臓にかぎらず，体のすべての細胞は活性酸素によって老化していくのです。**

そういえば，健康食品のなかに「抗酸化物質を含む」とうたって，アンチエイジング作用を強調するものもありますよね。

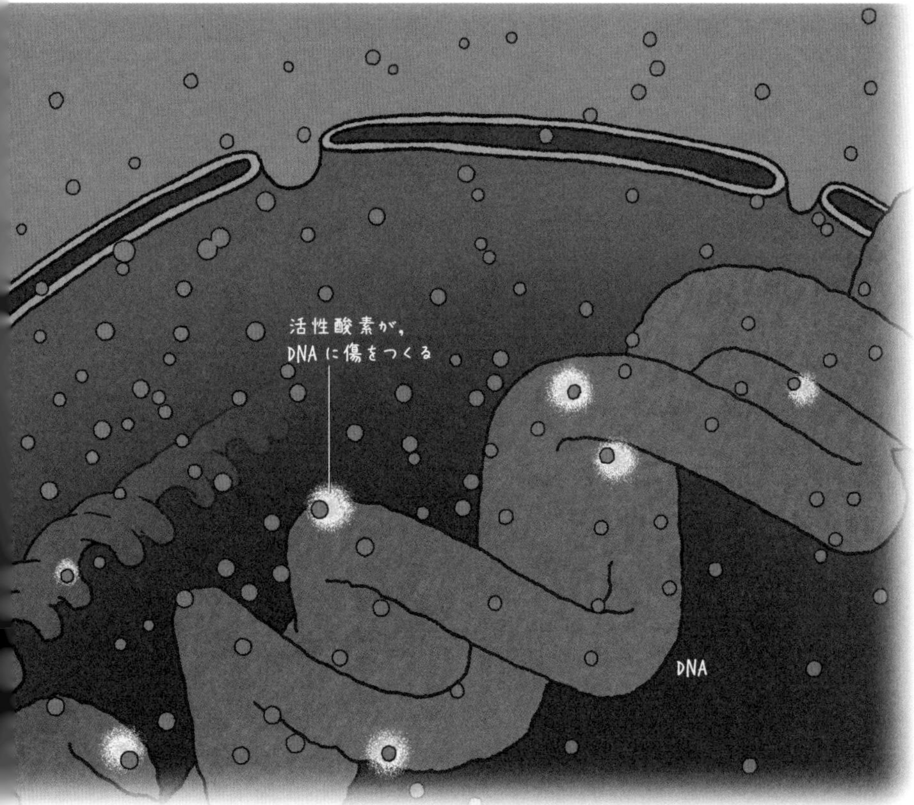

そうですね。活性酸素を消去する抗酸化物質としては，**ビタミンC**や**βカロテン**がその代表です。

ただし，ヒトの寿命をのばす効果については，科学的・医学的に検証することはむずかしく，実際にそのような効果が証明されたものは，今のところありません。

細胞では必ず活性酸素が生じるから，だれも細胞の老化からは逃れられない，ということなんですね……。

がんは，テロメアを操作して不死化する

さて，ここで細胞の老化によっておきる病気について，二つご紹介しましょう。

がんと**アルツハイマー病**です。

どちらも恐ろしい病気ですね。

ええ。

まず，がんは日本人の死因の約30％を占める病気です。

がんによる死亡率は，子供や若い人では低く，年齢とともに高くなります。

日本では，70歳以上のおよそ半数ががんになり，さらにその約半数が亡くなっています。

高齢者でがんが増えるのは，細胞が老化するから，ということでしょうか？

そうです。
がんはDNAに傷が蓄積することで引きおこされるんです。
DNAの傷は，先ほど説明したように紫外線や有害物質，そして活性酸素などによって生じます。
さらに，たとえこれらがなくても，細胞が分裂するときにDNAの**コピーミス**が発生する場合があり，それもDNAの傷につながります。
また，高齢者では免疫機能が低下し，がんを取り除けなくなることも，高齢者でがんが増える理由の一つです。

DNAの傷の蓄積が，なぜがんにつながるんですか？

DNAの傷によって細胞の正常な機能が失われると，細胞が異常に分裂・増殖するようになってしまうことがあるんです。これが，がんです。
正常な細胞の場合，細胞分裂をうながす新たな信号がやってくるまで，細胞は分裂しません。この分裂を停止している時期をG0期とよびます。

あ，細胞周期でしたね。
がん細胞の場合は，ちがうんですか？

はい。がん細胞では，信号を受けて細胞分裂をうながす遺伝子に変異がおこり，分裂を過剰にうながすようになっています。

また，本来分裂をおさえるようにはたらく遺伝子に変異が生じて，分裂のブレーキがきかなくなっていることもあります。
その結果，がん細胞はG0期に入ることなく，「G1→S→G2→M→G1…」という分裂のサイクルをくりかえすことになってしまうのです。

細胞分裂が異常におきてしまうんですね。こわいな。

ええ。がんは，正常な細胞や臓器をおかし，最悪の場合，死に至ります。
実は，がんのもとになるような異常な細胞は日々生まれています。
しかし，通常はアポトーシスで自死するか，免疫機構で排除されるため，がんになることはありません。
アポトーシスや免疫から逃れたときにはじめて，がんになるんです。

なるほど，がん細胞は死ねなくなって，無限に増殖してしまうんですね。恐ろしい！
あれ？ でもちょっとまってください。細胞って分裂できる上限が決まっていましたよね？
それに，高齢者の細胞ががんになっても，テロメアが短くなっているから，たいして分裂して増殖できないんじゃないんですか？

おおー。鋭いご指摘！
ところがですね，がん細胞はテロメアをのばすテロメラーゼをもっていることが多いんです。
がん細胞はテロメアの長さを保てるため，無制限に分裂をつづけることができます。

ええっ，がんもテロメラーゼをもってるんですか!?
がん細胞って，ずるい。
どうにかやっつける方法はないんでしょうか？

現在行われているがん治療のひとつに**抗がん剤**を使った治療があります。
これは，がん細胞の増殖を止めたり，DNAの複製を止めることでアポトーシスを誘発する薬剤です。

抗がん剤は，**副作用**も大きいといいますよね。

ええ。こうした薬剤は，さかんに分裂をしている正常な細胞にも作用してしまいます。
たとえば，毛根の細胞にも作用してしまうので，抗がん剤の治療では，脱毛の副作用が生じてしまうわけです。

正常な細胞の増殖もさまたげてしまうのか……。

そこで，副作用の少ない，さまざまな新しいがん治療薬の開発が進められています。

おお！

たとえば，アポトーシスのしくみを利用した治療薬です。アポトーシスがおきるとき，細胞の中では**カスパーゼ**という酵素がはたらきます。

ああ，タンパク質を片っ端から切りきざんで分解してしまうという，はげしい酵素でしたよね。

実は細胞内には，このカスパーゼのはたらきを抑制する**IAPタンパク質（アポトーシス抑制タンパク質）**という物質があることがわかっています。
アポトーシスがおきないがん細胞では，カスパーゼの活性は高いのに，それを抑制するIAPタンパク質が多すぎるため，“死ねない”状況になっていることがあるんです。

細胞内に，アポトーシスをじゃまする物質が存在するんですね。

そうです。
そこで，アポトーシスにストップをかけるIAPタンパク質のはたらきをじゃまする薬剤が開発できれば，正常な細胞に悪影響をあたえず，異常ながん細胞だけをねらい撃ちできるかもしれません。
また，そのほかにも，**免疫チェックポイント阻害剤**という免疫のしくみを利用してがんを攻撃する治療薬など，さまざまな試みがなされています。

素晴らしい。今後の研究に期待ですね！

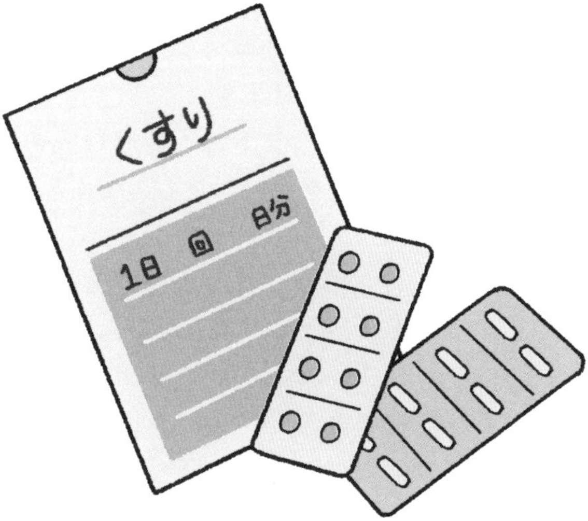

脳細胞の死が進みすぎるアルツハイマー病

「細胞の死がおさえられることによっておきる病気」ががんだとすれば，**アルツハイマー病**は「細胞の死が進みすぎることによっておきる病気」です。

アルツハイマー病って，認知症を引きおこす病気ですよね。

ええ。**アルツハイマー病は，大脳の神経細胞が急激に死んでいってしまう病気です。**

アルツハイマー病になった人の脳は萎縮し，記憶力だけでなく，思考能力や行動能力までもが失われ，日常生活を送ることが困難になります。

右のページの上のイラストは，健康な人の脳と，アルツハイマー病の人の脳を比較したものです。

脳が縮んでしまうのか。神経細胞は分裂しないから，死んでしまったら取りかえがきかないんですね。

ええ。そうなんです。

アルツハイマー病は，脳内にアミロイドβなどの有害なゴミがたまることが原因だと考えられています。

アミロイドβの蓄積は，アルツハイマー病を発症する10～30年前からすでにはじまっているようです。

高齢者が発症することの多いアルツハイマー病ですが，40代くらいのころから，アルツハイマー病は忍び寄っているといえるでしょう。

恐ろしい病気ですね。

アルツハイマー病はどうやって治療するんですか？

アルツハイマー病の根治は非常に困難です。

これまで，アルツハイマー病の治療には，神経細胞の死を止める薬ではなく，残った神経細胞どうしのつながりを維持するための薬が主に使われてきました。

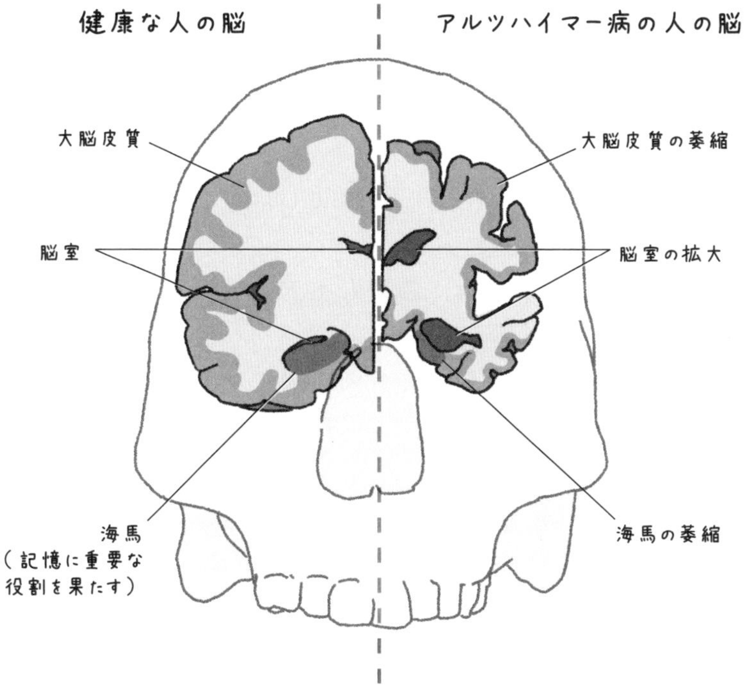
健康な人の脳
アルツハイマー病の人の脳
大脳皮質
大脳皮質の萎縮
脳室
脳室の拡大
海馬
（記憶に重要な
役割を果たす）
海馬の萎縮

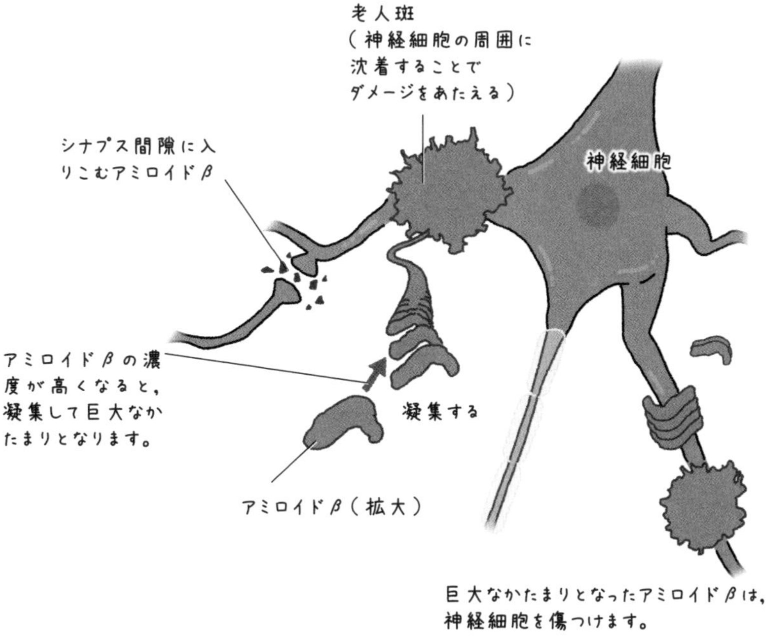
老人斑
（神経細胞の周囲に
沈着することで
ダメージをあたえる）
シナプス間隙に入
りこむアミロイドβ
神経細胞
アミロイドβの濃
度が高くなると、
凝集して巨大なか
たまりとなります。
凝集する
アミロイドβ（拡大）
巨大なかたまりとなったアミロイドβは、
神経細胞を傷つけます。

根本的な原因を治療できる薬ではないわけですね。
神経細胞の死を食い止める薬はないんですか？

2021年6月に，はじめてそのような薬がアメリカFDA（食品医薬品局）に承認されました。
それが**アデュカヌマブ**です。
アデュカヌマブは，蓄積したアミロイドβに結合し，分解をうながす新薬です。
アミロイドβを減少させることで，神経細胞の死自体を食い止めようとするわけです。

おお！ **死を食い止める薬！**

ただ，その効果についてはまだはっきりとしておらず，今後も検証していく必要があります。

STEP 2

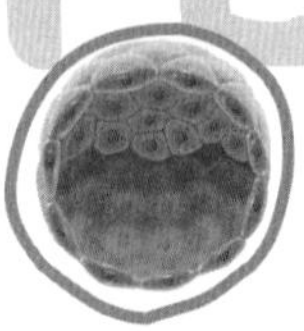

いろんな細胞に変身！ ES細胞とiPS細胞

さまざまな細胞になることができる幹細胞。幹細胞とはどんな細胞なのか，そしてES細胞と人工的につくられたiPS細胞は，再生医療でどのような活用が期待されているのでしょうか。

別の種類の細胞になる能力をもった「幹細胞」

人間の手足は，一度失ってしまえば，二度と生えてくることはありません。
もしヒトが，失った体の一部を自ら再生できる生き物だったら，「義手」や「義足」，「入れ歯」などはすべていらなくなるでしょう。

そうですよね。そうだったら，どれだけよいでしょうね。

しかし自然界には，生まれつきこうした再生を得意とする生き物がいます。代表的なのは**イモリ**です。

あ！　夏の夜に，壁を走り回るトカゲみたいなやつですね！

いえ，おそらくそれは爬虫類のヤモリです。
イモリは，姿はヤモリと少し似ていますが，水辺にいる**両生類**です。

家を守るのがヤモリ，井戸を守るがイモリと覚えておきましょう。
さて，大人のイモリは，脚や尾を切断しても，数か月でもと通りに再生します。眼のレンズも再生可能ですし，幼生のイモリは，なんと脳さえも再生できます。

脳も!? そりゃ，不死身の生き物ですよ。

さすがのイモリも，胴体を真っ二つに切りはなしてしまっては，もはや再生できません。
ところが自然界には，それすらも可能な**再生のチャンピオン**がいます。川や池などに住む体長約1センチメートルの生物，**プラナリア**です。

プラナリアの再生能力はどれほどなんですか？

1匹のプラナリアの胴体を，いくつもの断片に切り分けると，それぞれが1匹のプラナリアとして再生します。
たとえば，頭を失ったプラナリアは頭を再生し，逆に頭のみになってしまったプラナリアは，頭より下の部分を再生するのです。

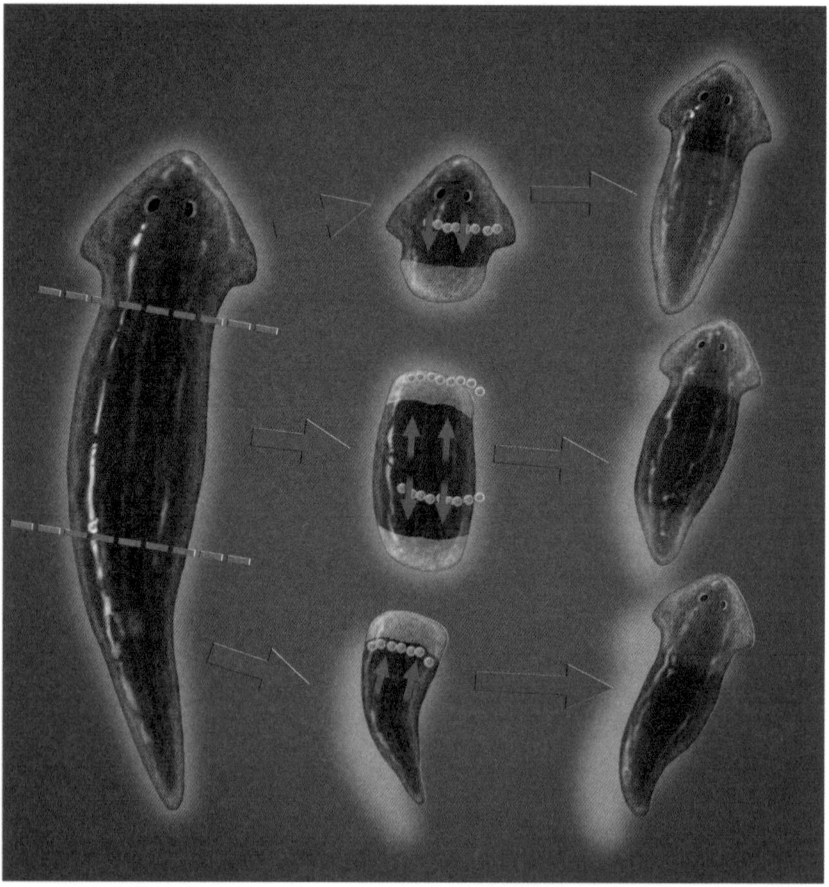

おどろくことに，もとの体のたった279分の1しかない小さな断片から，1匹のプラナリアが再生したという記録さえあるんです。

ひぇぇぇ……。とんでもないですね。

プラナリアは，一定の大きさになると，自ら前後二つの断片にちぎれて2匹のプラナリアになります。つまりプラナリアにとって，再生とは，増殖するための一つの手段というわけです。
ただし，環境次第では，卵と精子をつくって子供をつくることもあります。

先生，どうしてイモリやプラナリアは再生ができて，ヒトは再生できないんでしょう？

実は，ヒトの体も日々，再生しているんですよ。
前にも少しお話ししましたが，私たちの皮膚の表面にある**表皮細胞**は，数十日たつと表面からどんどん脱落していって，垢になります。
この脱落分を再生しないと，表皮はどんどん薄くなり，やがてなくなってしまうでしょう。

たしかに！
皮膚はどうやって再生しているんでしょうか？

皮膚の中には，日々消えゆく表皮細胞を再生するための細胞があって分裂して数をふやし，その一部が表皮細胞に変化します。こうして脱落分が補われ，表皮が保たれているのです。
また，たとえば，ころんでできる**すり傷**は，いつの間にかきれいに治りますし，折れた骨も，数か月たてばつながります。つめや髪の毛は，切ってもまた生えてきますよね。これらも私たちヒトの体でおきる再生のおかげだといえるでしょう。

でも，それって切っても切っても再生されるプラナリアとかとはちがいますよね？
ヒトは，手足どころか，1本の指すら再生できないじゃないですか。

たしかにそうですね。
ヒトを苦しめる病気の多くは，ヒトの再生能力のとぼしさがもたらしているといっても，決して過言ではないでしょう。
ものすごい再生能力があれば，悪い部分を取り去って，再生すればいいわけですからね。

ヒトはどうして，イモリやプラナリアみたいな高度な再生ができないんでしょうか？

そのカギをにぎるのが，**幹細胞**とよばれる細胞です。

回数券タイプの細胞とセットで存在する新しい細胞をじゃんじゃんつくる細胞ですね。

ナイス！

一口にいえば，幹細胞（stem cell）とは，「失われた何かになれる細胞」のことです。

樹木の幹（stem）から枝や葉が派生するように，幹細胞からも，何種類かの細胞が派生するというわけです。

ふーむ。

幹細胞は，プラナリアとヒトのどちらの体にも含まれていますが，その能力は大きくことなっています。

プラナリアの体には，小さな幹細胞があちこちに散らばっています。

プラナリアの体を切断すると，体中の幹細胞が筋肉や神経，腸などをつくる細胞になり，失った部分を補うのです。

ほほう，便利ですね。

重要なのは，プラナリアの体にある幹細胞が，**どんな細胞にもなれる**という点です。

この性質を，生物学では**全能性**（totipotent）とよびます。全能性をもつ幹細胞のおかげで，プラナリアは体のどの部分を失おうとも再生できるのです。

私たちがもっている幹細胞は全能性をもっていないんですか？

その通りです。
ヒトの体には場所ごとに，ことなる種類の幹細胞があります。たとえば，腸には腸の幹細胞があり，皮膚には皮膚の幹細胞があり，毛には毛の幹細胞がある，といった具合です。
こうしたヒトの体にある幹細胞は，プラナリアの幹細胞のように全能ではありません。たとえば，皮膚の幹細胞は，皮膚の細胞にはなれますが，筋肉や神経の細胞にはなれないのです。

私たちとプラナリアの再生能力の差は，幹細胞の能力の差というわけですね。

受精卵は一番すごい幹細胞

ヒトの大部分の幹細胞は全能性をそなえていません。
しかし，ヒトにもどんな細胞にもなれる**全能性の細胞**があります。なんだと思いますか？

うーん，見当もつきません。

正解は**受精卵**です！
私たちはもとをたどるとたった一つの受精卵という細胞にたどりつきます。
約37兆個もの細胞からなるといわれるヒトの体も，おおもとはたった一つの受精卵からできたものです。

なるほど〜。
受精卵はどのような細胞を生みだすこともできるわけですね。

はい。
細胞の分裂は，ただ単に数を増加させるためのものではありません。
一つの受精卵は，分裂を繰り返すことで，最終的に約270種類ものちがった機能をもった細胞へと枝分かれしていきます。細胞は分裂の過程で特殊化していき，たがいに結合して組織をつくり，器官となるわけです。

変身能力をもったES細胞とiPS細胞

全能性をもつ受精卵にたいして，**多能性**をもつ幹細胞というものがあります。
ES細胞（EmbryonicStem cell：胚性幹細胞）や，山中博士らがつくった**iPS細胞**（induced Pluripotent Stem cell：人工多能性幹細胞）が多能性をもつ幹細胞です。
これらの幹細胞は**再生医療**への応用が大きく期待されています。

ES細胞とiPS細胞ってニュースで聞いたことがあります！
てか，多能性って何ですか？

多能性をもつ幹細胞はさまざまな種類の細胞に分化することができる幹細胞です。
ただし，すべての細胞に分化できるわけではありません。そこが全能性の受精卵とはことなります。

ふむ。

たとえば，受精卵が2個，4個，8個と分裂し，約100個の細胞のかたまりになった胚（初期胚）を**胚盤胞**といいます。
この内側にある**内部細胞塊**《ないぶさいぼうかい》は，胎盤以外の，体のどの部分にも分化できる能力をもっています。つまり内部細胞塊は多能性をもっているわけです。

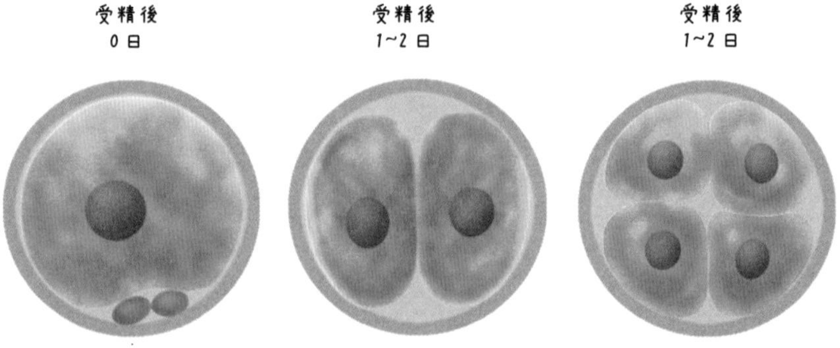

でも，胎盤にだけは分化することができないのですね。

そうです。
この内部細胞塊の細胞を取りだして，特別な条件下で試験管の中で培養してつくられるのが**ES細胞**です。
試験管の中で無限に増殖することができ，さらに体をつくるどの細胞にもなれることから，“**万能細胞**”とよばれてきました。

へぇ，胚の一部をとってきてES細胞はつくられるんですね。
もう一方のiPS細胞はどのような細胞なんですか？

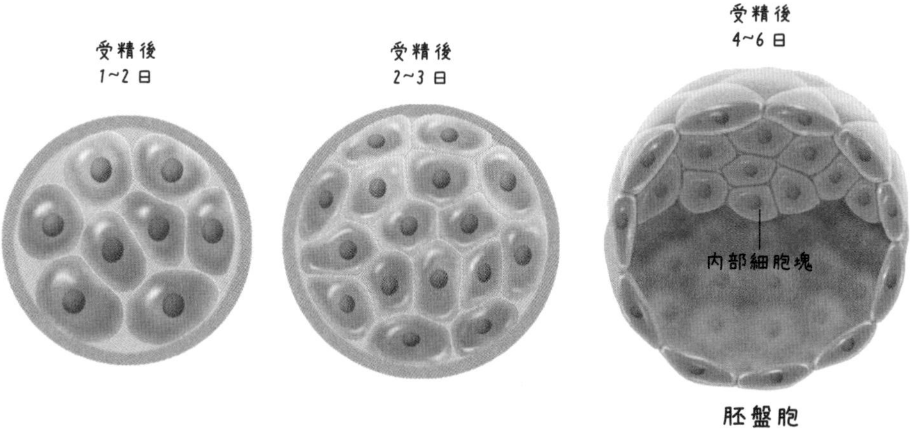

iPS細胞は，成長途中の胚から取りだすのではなく，大人や子供の皮膚などの細胞を**遺伝子操作**して，人工的につくる多能性幹細胞です。
いわば，できあがった細胞の時計の針を巻きもどしてできる幹細胞です。

ES細胞とはつくり方がちがうんですね。
ES細胞とiPS細胞は幹細胞としての能力にちがいはあるんでしょうか？

いいえ，ES細胞とiPS細胞は，見た目や能力はそっくりであり，ほとんど区別できません。

ES細胞をつくるには受精卵が必要

ES細胞とiPS細胞について，もう少しくわしく見ていきましょう。まずは，**ES細胞**です。
ES細胞は，**胚**から取りだしてできる細胞です。ES細胞は，iPS細胞よりも前に誕生しました。

はい？

胚とは，胎児とよばれるようになる前の細胞のかたまりのことです。
おさらいになりますが，初期の胚のうち，受精卵が6～7回分裂し，100個ほどの細胞のかたまりになったものを**胚盤胞**といいます。この内側にある**内部細胞塊**は，胎盤にこそなれませんが，人体のあらゆる細胞になる能力をもちます。

受精後
4~6日

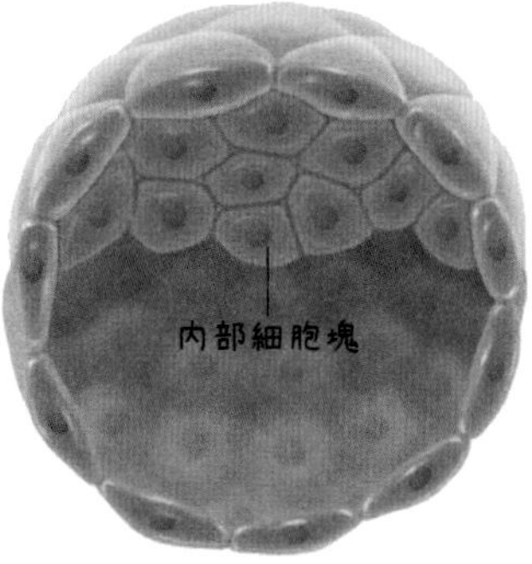

胚盤胞

多能性ですね！
でも，なぜ胎盤にはなれないんですか？

胎盤は，胎児のへその緒の先にある，母体から栄養を得るための組織です。
胎盤は，胚盤胞の外側にある細胞層（栄養外胚葉）からつくられるため，内部細胞塊は胎盤になることはできないのです。

なるほど。

ES細胞が誕生したのは1981年のことです。
イギリスの生物学者**マーティン・エバンス博士**らが，マウスの初期胚（胚盤胞）の内側にある細胞を取りだし，それを試験管の中で培養する条件をつきとめたのです。
こうしてできたのがES細胞です。ES細胞は，試験管の中で無限に増殖でき，しかも胎盤以外のあらゆる細胞になれることが確かめられました。

最初はマウスのES細胞だったのですね。

ええ，ヒトのES細胞は1998年，アメリカ，ウィスコンシン大学の**ジェームズ・トムソン博士**によってつくりだされました。
こうして人類は「多能性をもつヒトの幹細胞（多能性幹細胞）」を手に入れたわけです。

ES細胞があれば，体のどんな部分でもつくれるようになるかもしれないわけですよね!?

ええ，ES細胞は大きな注目を集め，“**万能細胞**”というニックネームでよばれるようになりました。

ES細胞によって，病気やけがで苦しんでいる人たちが，たくさん助かりそうですね。

そうですね。
たとえば，現在行われている骨髄移植や心臓移植などの「移植医療」は，ドナー(提供者)不足の問題を抱えています。

うぅむ。

とくに，脳死患者からの提供にたよらざるをえない心臓移植などは，問題がより深刻といえるでしょう。
こうしたドナーの問題を克服するために，移植する細胞や組織を人間の手でつくりだそうという試みを**再生医療**といいます。
ヒトES細胞は，移植する細胞や組織の供給源になりうるため，“**再生医療の切り札**”とされてきました。

移植の問題も解決ですね！

実際に，ES細胞から望みの細胞をつくり，移植する臨床試験が行われるようになっています。

しかし，ES細胞の利用には，**二つの大きな問題**が立ちはだかっています。

問題!?

一つ目の問題は，ヒトES細胞をめぐる**倫理問題**です。
ヒトES細胞は，体外受精を行った夫婦から提供された**余剰胚**を，試験管の中で胚盤胞にまで育て，バラバラにほぐして取りだすものなんです。
余剰胚というのは，体外受精のときに，子宮に戻された胚とは別の，凍結保存された予備の胚のことです。
その多くは，廃棄される運命にあるとはいえ，子宮にもどせば赤ちゃんになるはずの胚です。それをこわすことへの批判が根強いのです。

たしかにむずかしい問題ですね。

二つ目は**拒絶の問題**です。
人体には免疫系がそなわっており，異物を排除するようにできています。患者と余剰胚のDNAはことなるため，ES細胞はいわば“別人”の細胞です。
そのため，ES細胞からつくった細胞や臓器は「異物」とみなされ，移植してもそのままでは拒絶される可能性もあるのです。

皮膚の細胞から人工的につくられるiPS細胞

次は**iPS細胞**です。
iPS細胞は，胚をこわさずに，患者自身のDNAをもつ“多能性幹細胞”として山中伸弥博士によって2006年につくりだされました。
iPS細胞は，基本的には人体の**どの細胞**からもつくりだすことができます。

普通の細胞を，多能性幹細胞に変身させるなんて，とてもむずかしそうですけど，いったいどうすればいいんでしょうか？

ヒトの細胞に**いくつかの遺伝子を入れる**，ただそれだけです。

遺伝子を入れる!?

ええ。
たとえば皮膚の細胞とES細胞は，姿も能力もまったくちがいます。
これは，それぞれの細胞の中で活発にはたらく遺伝子の組み合わせが，大きくことなるからです。

ふむふむ……。

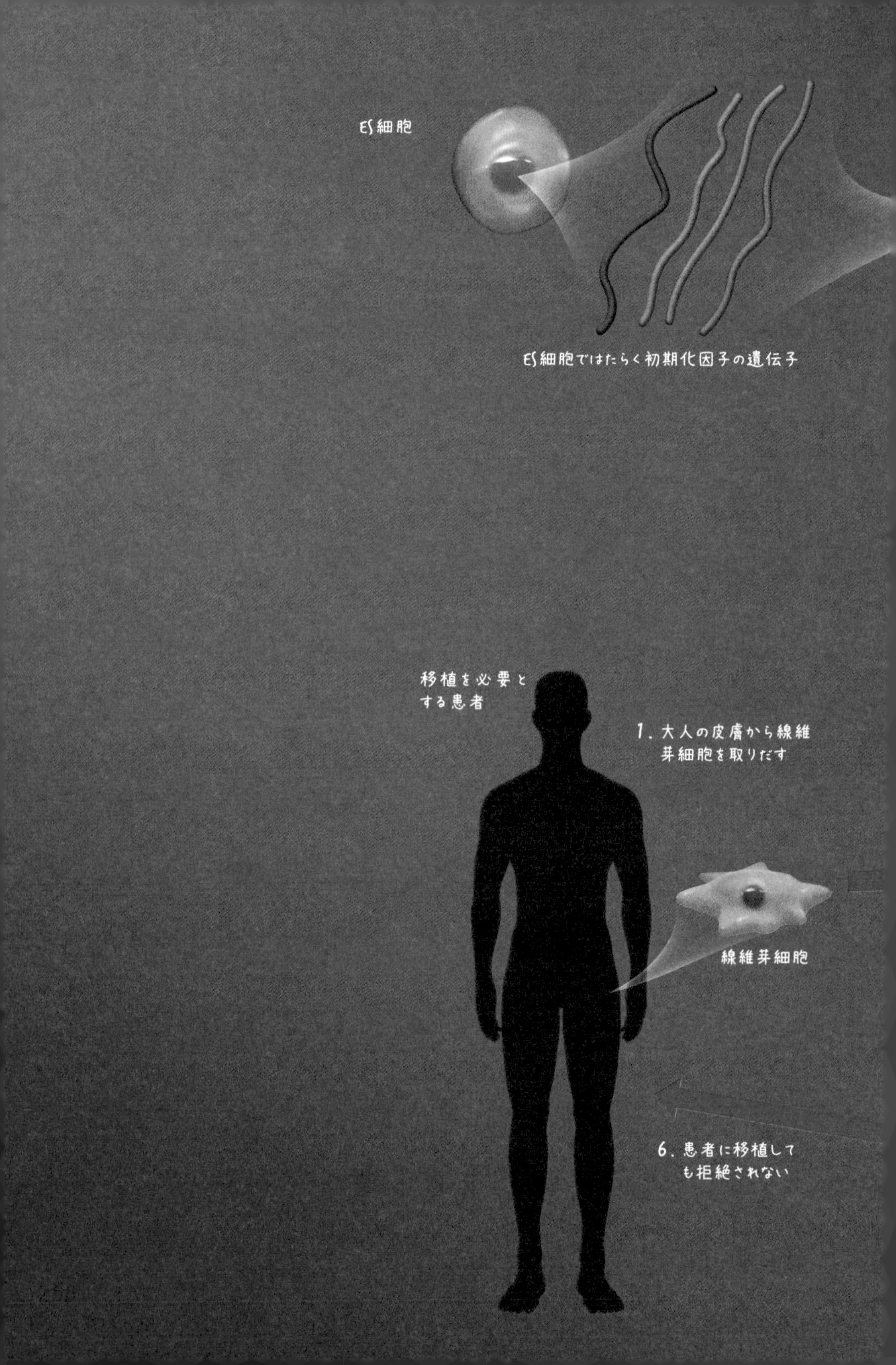
ES細胞
ES細胞ではたらく初期化因子の遺伝子
移植を必要とする患者
1. 大人の皮膚から線維芽細胞を取りだす
線維芽細胞
6. 患者に移植しても拒絶されない

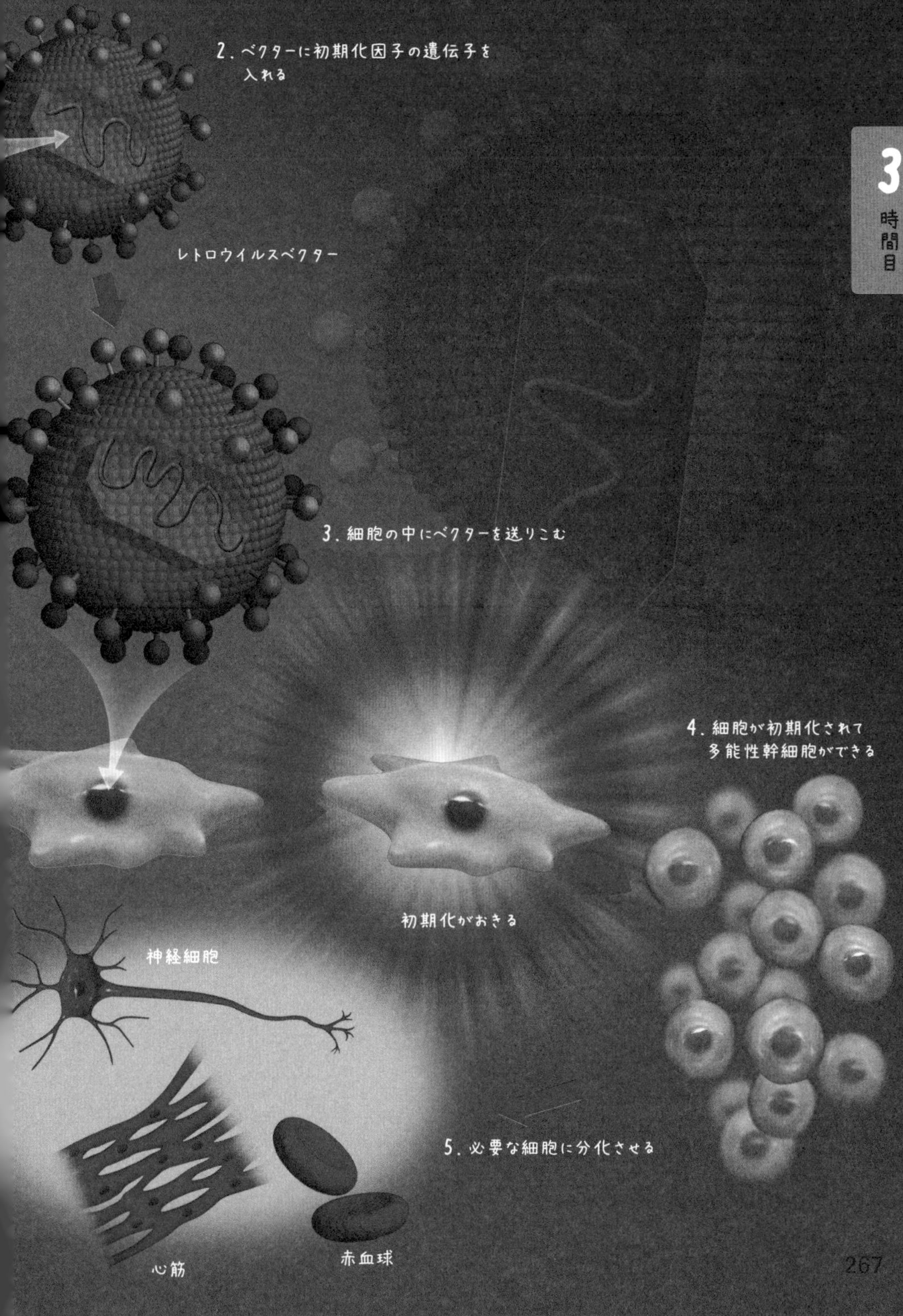
2. ベクターに初期化因子の遺伝子を
入れる
レトロウイルスベクター
3. 細胞の中にベクターを送りこむ
4. 細胞が初期化されて
多能性幹細胞ができる
初期化がおきる
神経細胞
5. 必要な細胞に分化させる
心筋
赤血球

そこで，ES細胞の中で活発にはたらく遺伝子を突きとめ，同じ遺伝子を皮膚の細胞の中に強引に送りこめば，皮膚の細胞はES細胞のような状態に変わるのではないかと考えられました。

なるほど！
ES細胞がヒントになるのですね。

ES細胞で活発にはたらく遺伝子を調べることなどによって，細胞の初期化に必要な**4種類の遺伝子**が特定されました。
それらの遺伝子を，遺伝子治療の分野で実績を上げていた，**レトロウイルスベクター**とよばれる“遺伝子の運び屋”を使って細胞に導入すると，細胞の時計の針が巻きもどされたかのように，細胞が多能性を獲得するのです。
これがiPS細胞です。

遺伝子を導入するだけで，つくれるなんて，すごいなぁ。

ただし，当初は，導入する4種類の遺伝子の中に，がん遺伝子が含まれていたことや，遺伝子の導入にウイルスを用いることなどから，細胞のがん化を引きおこすリスクが懸念されました。

ES細胞やiPS細胞を使った再生医療

ES細胞やiPS細胞を使った医療の研究って，現在，どのような状況なのでしょうか？

まず，**ES細胞**です。
世界ではじめてヒトのES細胞が作製されたのは**1998年**のことです。日本でも**2003年**から，京都大学や国立成育医療研究センターでヒトES細胞がつくられはじめました。
2013～2014年には，ES細胞を医療応用するための法律や指針がととのい，医療・産業に用いることを明確にしたES細胞の作製が行われるようになっています。

ES細胞を使った治療の例ってすでにあるんでしょうか？

ええ，ES細胞は，すでに多数の再生医療の臨床現場で実績を残しています。
2010年にアメリカで，下半身の麻痺などをともなう**脊髄損傷**の患者に対してはじめて移植が行われ，ES細胞の安全性が確認されました。それ以降，数十例の治験が行われていて，現在も，いくつもの事例が同時に進行中と報告されています。

ほほう，実績を重ねている最中ってことですね。

最も多いのは，眼の**網膜**の病気への応用です。
網膜のうち，光を感知する部分を支える**網膜色素上皮細胞**に変化させたES細胞を，いたんだ部分に移植し，色素上皮細胞を再生させる治療法です。アメリカやイスラエル，中国などで，この方法を用いた臨床試験が進行中と報告されています

本当にいろいろな部分での臨床試験が行われているんですね。

さらにES細胞は，**糖尿病**の治療にも応用されています。
子供でも発症する**1型糖尿病**は，患者の免疫細胞が，血糖値を下げてインスリンを分泌する役割をもつ膵臓の**β細胞**をこわすことによって生じます。
そこで，ES細胞を変化させてつくった「β細胞になる前段階の細胞」を，免疫が効きにくくした状態で皮下移植する治療法の臨床試験が，アメリカで行われています。

へぇ〜。糖尿病まで幹細胞で治ってしまうかもしれないのですね。

また日本では，2020年に国立成育医療研究センターで，ヒトのES細胞からつくった**肝細胞**を，重い肝臓病の赤ちゃんに移植する臨床試験が行われました。
この事例は，ヒトの病気にES細胞が使われるという点で**国内初**で，さらにES細胞からつくった肝細胞の移植としては**世界初**となりました。

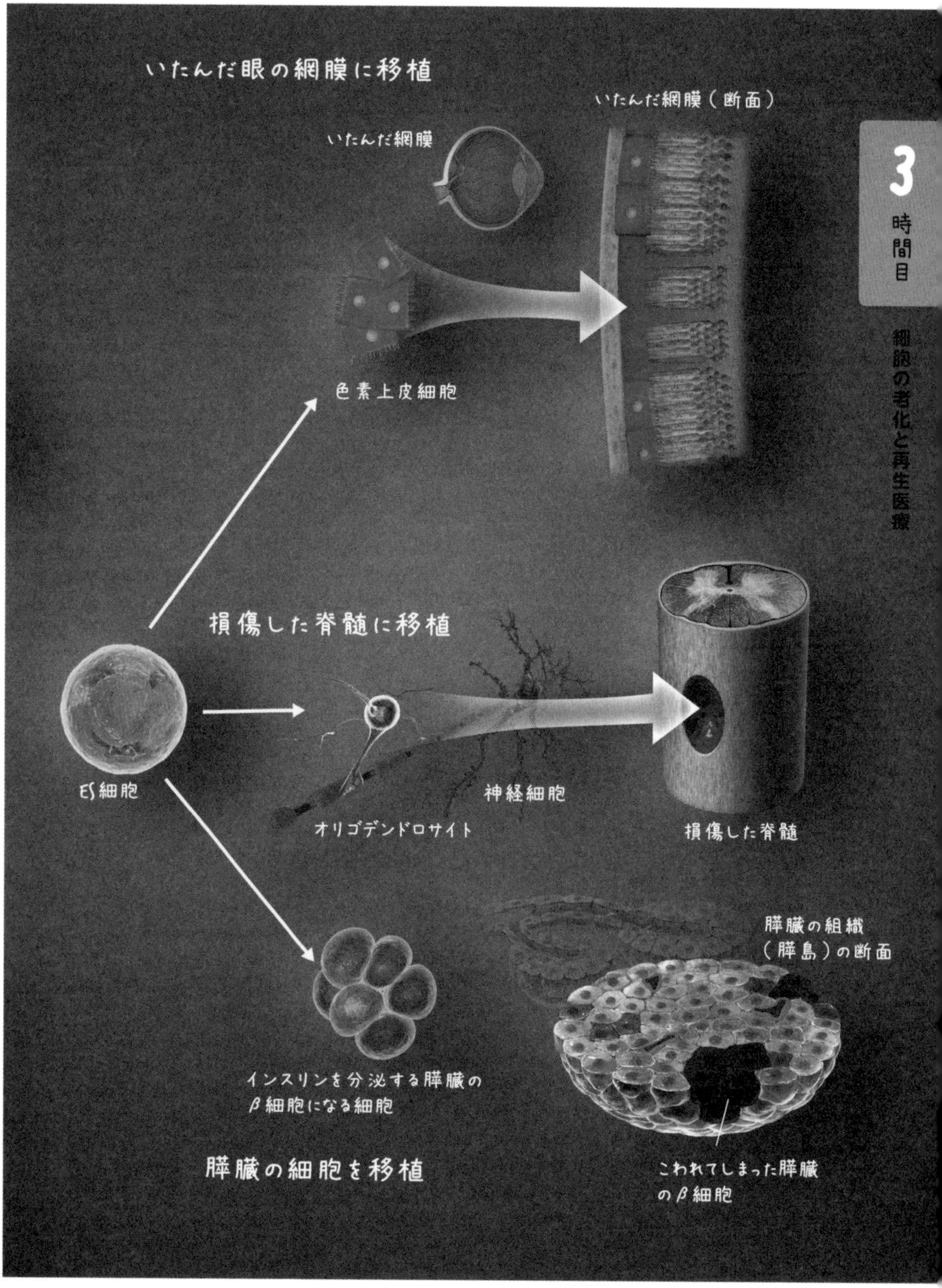
いたんだ眼の網膜に移植
いたんだ網膜（断面）
いたんだ網膜
色素上皮細胞
損傷した脊髄に移植
ES細胞
神経細胞
オリゴデンドロサイト
損傷した脊髄
膵臓の組織
（膵島）の断面
インスリンを分泌する膵臓の
β細胞になる細胞
膵臓の細胞を移植
こわれてしまった膵臓
のβ細胞

ES細胞，期待大ですね！

あらゆる細胞になれるES細胞は，このようにさまざまな細胞へと変化し，患者の助けになるとともに，再生医療の発展に貢献しています。
しかし，ES細胞を実際の治療に利用するには，先にもあげた**倫理的問題**と，**拒絶の問題**が立ちはだかっています。
そこで，この拒絶の問題を解決しようとして誕生したのが，**クローンES細胞**です。

クローンES細胞？

クローンとは，「ある個体とまったく同じ遺伝情報をもつ別の個体」のことです。
移植を受けたい患者の細胞を採取し，その核を，女性から提供された卵子（あらかじめ核を取り除いておく）に移植します。この核移植卵を胚盤胞（クローン胚）にまで育て，そこからES細胞を取りだすのが，クローンES細胞なんです。

患者の遺伝子が入っている胚盤胞を使うから，拒絶が起きにくいと。

そうです。
核を移植した細胞を使ったこの手法なら，細胞のDNAは患者本人と同一になり，拒絶反応の心配がありません。

でも受精卵をこわさなければつくれない点にかわりはなく，倫理的な問題は解決されていません。

そ，そうか……。

このようにES細胞は，ヒトの受精卵に由来する分，向き合うべき問題が大きいといえます。

じゃあ，ES細胞って，再生医療で使われる可能性が低いってことなんですか？

いいえ，そのようなことはありません。ES細胞でしか助けられない命や，治せない病気がある可能性もあり，ES細胞の研究を止めるのは得策とはいえないでしょう。
ES細胞の再生医療への応用については，これら問題をどう解決していくのかも重要な課題といえるでしょう。

では，今度は**iPS細胞**はどうです？
iPS細胞の試験は行われているんですか？

iPSも2006年の誕生以来，飛躍的な研究成果をあげています。“万能細胞”とよばれるES細胞と同じく，増殖する能力や，組織や臓器の細胞に変化する能力が非常に高い細胞です。
そして「移植などに必要な細胞を，必要なだけつくれる」と期待されています。
2012年に山中伸弥博士はノーベル医学・生理学賞を受賞したことで一躍有名になりましたよね。

当時，たくさん報道されていましたよ。

iPS細胞は，**初期化因子**である4種類の遺伝子を人工的にはたらかせることでつくられました。
最初の発表段階では，4種の遺伝子には，多くのがん細胞ではたらいている**がん遺伝子**が含まれていたり，ヒトiPS細胞の作製には，遺伝子を運ぶ入れ物として**ウイルス**が必要だったりというリスクがありました。

ちょっとこわいな。

現在では，医療用に提供するiPS細胞は，がん遺伝子が**別の遺伝子**に置きかえられ，遺伝子を運ぶ入れ物も，DNAを傷つけにくい**プラスミド**に変えられるなど，リスクを下げる工夫がなされています。

安全性が高まったんですね。

先行してES細胞などの，iPS細胞以外の幹細胞による再生医療研究がすでに進んでいたため，iPS細胞は早くから臨床研究に用いることができました。
iPS細胞からつくられた細胞が，はじめてヒトに移植されたのは，ヒトiPS細胞の作製成功が発表されてから，7年後の**2014年9月**のことです。

どのような病気の治療に使われたのですか？

患者自身の皮膚の細胞からつくったiPS細胞をもとに眼の網膜の一部をつくり，網膜変性疾患の一種**加齢黄斑変性**の患者に移植する手術が行われ，成功したのです。

ES細胞もiPS細胞も，よく網膜の治療に使われているみたいですけど，どうしてですか？

網膜が選ばれたのは，拒絶反応が強くないなど，移植のさまたげになるものが少なかったことが関係しています。網膜と同じように，拒絶反応が少ないと考えられている**脳・神経系**においても，iPS細胞からつくった細胞をヒトへ移植する臨床試験（臨床研究および治験）が進められています。

どういう試験でしょう？

京都大学iPS細胞研究所（CiRA）では，脳内で**ドーパミン**という物質をつくる細胞が死んでしまうことで発症するパーキンソン病を対象にした治験を実施しています。

ドーパミンをつくる細胞を，iPS細胞で復活させようということですか。

ええ，さらに大阪大学では，心臓に貼る，iPS細胞由来の**心筋シート**の臨床研究も行われています。

心筋シート？

心筋細胞でできたシートです。重症心筋症の患者にこの心筋シートを移植する治験が実施されてきました。
iPS細胞を用いた心筋再生治療を実施したのは世界でも例がなく，これまで有効な治療法が存在しなかった重症心不全に対する新しい治療法となる可能性があります。

iPS細胞で心臓さえも治療することができるのかもしれないのですね。

このほかにも，角膜上皮細胞，血小板，軟骨組織など，さまざまな細胞や組織において，iPS細胞の臨床応用が進んでいます。

さまざまな病気の治療にiPS細胞を利用する研究が進んでいるんですね。

実は，iPS細胞は，移植だけでなく，ほかの使い道もあるんですよ。
たとえば，iPS細胞からつくった組織に病原体を感染させて病気を再現できれば，実際の患者とほぼ同じ条件の感染細胞で，分析や実験を行えます。それは患者の体にかわる“**実験材料**”となり，これによって，患者の体に負担をかけずに，薬の効き目の個人差や，病気の原因をくわしく調べることができるようになるんです。

病気の研究自体もiPS細胞によって進展が期待できるのですね。

iPS細胞って，今までの話からすると，ホント，期待しかありませんね。拒絶の問題はもちろん，倫理的な問題もないですし。

たしかにiPS細胞は，同じ人工幹細胞であるES細胞のように，受精卵をこわしてつくられるわけではありません。それゆえ，iPS細胞には倫理問題がないように思われるかもしれませんが，必ずしもそうでもないんです。

ええっ!?　だ，だって受精卵を使わないんでしょう？どうしてなんですか!?

iPS細胞は，受精卵（胚盤胞）を使わず作製できます。ですが，逆にいえば，**iPS細胞から受精卵がつくれる**可能性があるのです。

iPS細胞から受精卵ができるって……。

つまり，皮膚や血液などの細胞からつくられたiPS細胞をもとに精子や卵子がつくられて受精卵ができ，最終的に一人の人間が誕生する可能性があるのです。
つまり，さまざまな細胞でになることができるがゆえ，新たな倫理問題が生じてしまっているんです。

むむむむ……。

新しい技術が生まれたとき，それをどこまで研究していいのか，どこまでヒトに応用していいのか，そしてそのことを，だれが決めるのかというのは非常に大きな問題です。
こうした問題にも，向き合っていく必要があります。研究よりも早く進めておかないとね。

4
時間目

人体に住み着く よそもの細胞

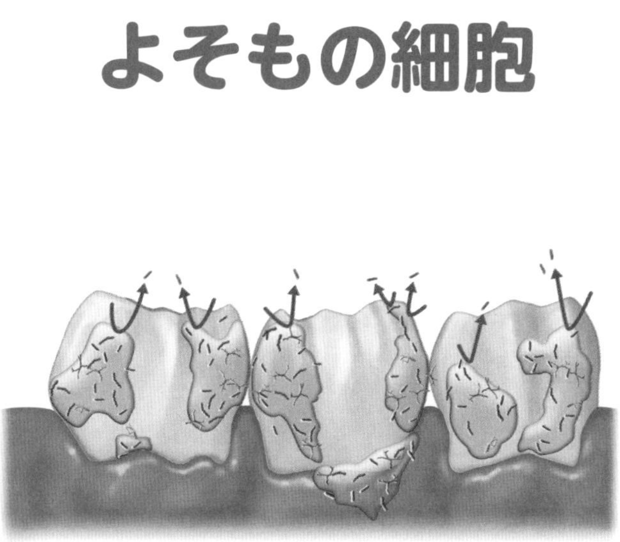

STEP 1

自分たちの細胞よりも数が多い常在菌

私たちの体には，37 兆個もの細胞のほかに，それ以上の数の常在菌が存在しているといわれています。この常在菌は，私たちにどのような恩恵をあたえてくれるのでしょうか？

人体には，数十兆個もの細菌がすんでいる

最後の4時間目は，ちょっと目先を変えて，私たちの体に存在する，**私たち自身の細胞ではない細胞**について説明したいと思います。

意味不明です。
私たち自身の細胞ではない細胞って，どういうことですか？

実は，私たちの体には，常に多くの**細菌**がすんでいます。その数は**数十兆個**にもなるといわれています。
私たち自身の細胞の数よりも多くの，よそもの細胞が住み着いているようなのです。このような細菌を**常在菌**といいます。

数十兆個も！
細菌なんて，病気を引きおこすじゃないですか。
冗談じゃないです！

落ち着いてください。常在菌は，基本的には害をおよぼさない細菌なんです。
常在菌として，一人の体に**数百種類の細菌**が住み着いているといわれています。
皮膚，口，消化管，性器など，体の中でも温かい場所，水分や栄養分が豊富にある場所に多くいます。なかでも**腸**は，常在菌の数や種類が最も多い場所です。
一方，細菌が暮らしにくい酸性環境の胃には，常在菌の数は少ないものの，ピロリ菌のようにほかの場所にはいない特殊な細菌がいます。

それにしても，私たちの体の細胞よりも多いなんて，どっちが本体かわからないですね……。

体に住み着く細菌たちが，病原菌の侵入をブロック

私たちの体にそんなにたくさんの細菌が住み着いているなんて，気持ち悪すぎですよ。

たしかに細菌と聞くと，病原菌などを連想して，いい気分はしないかもしれませんね。
でも常在菌は私たちの体にさまざまな恩恵をもたらしているんですよ。

そうなんですか？
たとえば？

常在菌の最も大きなはたらきの一つは，外からやってくる病原菌から私たちを守ってくれるということです。
たとえば私たちの歯の**歯垢**には常在菌の**ミュータンス菌**と**アクチノマイセス**などが住み着きます。
歯垢は細菌の栄養がたくさん集まっているところなので，本来であれば，外からやってくる病原菌にとっては絶好のすみかとなるのですが，そこはすでにたくさんのミュータンス菌やアクチノマイセス菌に占領されており，病原菌の入りこむ余地があまりないのです。

ほほう，なるほど。

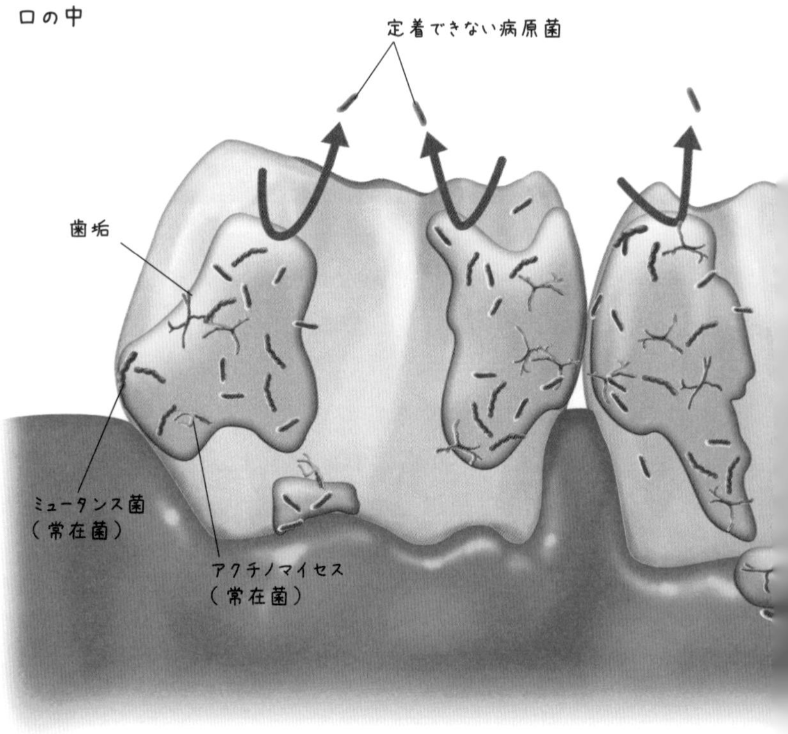

このように，皮膚や口の中など，外からやってきた病原菌がくっついてふえやすい場所にはすでに常在菌が定着して，生息場所や栄養分を確保しているため，病原菌が定着しづらいのです。

そっか，私たちの体を守ってくれていたんですね。

そうなんですよ。
また，常在菌が栄養分を分解した結果できる物質が，その場所を病原菌にとって居心地の悪い環境にすることもあります。

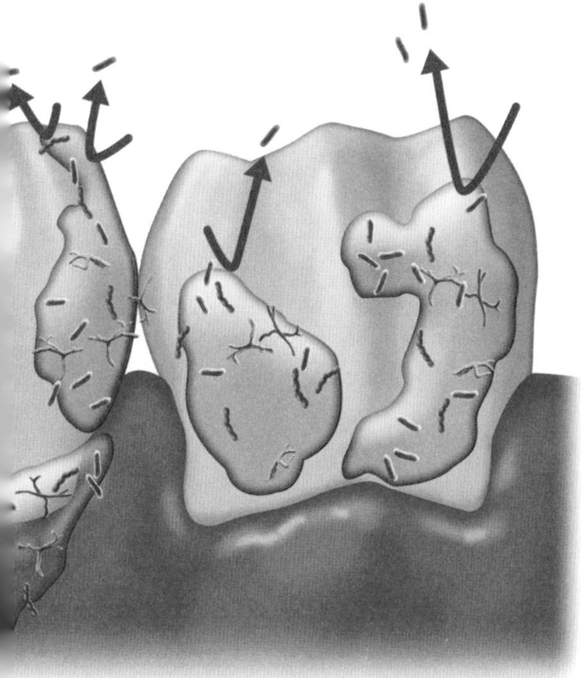

たとえば，**皮膚の表面**には，脂質を含む皮脂や汗が分泌されます。皮膚の常在菌がこれらを分解すると，脂肪酸などの酸性の物質ができ，皮膚を**弱酸性**（pH5.5）にしています。この弱酸性という環境は，ほとんどの細菌にとって好ましい環境ではないので，病原菌は皮膚に定着しにくくなるのです。

へぇ，見えないながらも，常在菌ははたらいているんですね。

さらに，常在菌の中には，積極的に病原菌を攻撃するものもいます。
病原菌を攻撃する**抗菌物質**を分泌したり，人体の細胞をうながして，病原菌を攻撃する物質を分泌させたりするのです。

なんだか，常在菌をきらって，申し訳ないです。

そうでしょう。常在菌によるこのようなはたらきがなければ，私たちは日々，自身の体にそなわるシステムでは対応できないほどの大量の病原菌に侵入され，生きていくことができなくなるかもしれないのです。

腸内細菌は，消化をサポートしてくれる

常在菌の役割の中でもう一つ重要なものが，**食べ物の消化**です。

食べ物の消化にも，関係しているんですか!?

食物として口から入ってきた**炭水化物**，**タンパク質**，**脂質**などの栄養素は，ほとんど小腸までで消化・吸収されています。
大腸に生息している腸内細菌は，小腸までに消化・吸収されなかった成分を分解します。とくに，**食物繊維**はヒトが消化することができません。
大腸の常在菌はこの消化できない一部の食物繊維を分解して，ヒトが吸収できる成分にしてくれているんです。

食物繊維って，ヒトは分解できないって聞いたことがあります。それが，腸内細菌によって，吸収できる形になるんですか？

そうなんです。
大腸まで届いた食物繊維は，大腸の腸内細菌のエサになり，腸内細菌は**脂肪酸**や**ビタミン**などを生みだします。これを人間が吸収することができるため，間接的に食物繊維も人間の栄養源になっているわけです。

そっか，私たちは食物繊維から栄養がとれないわけではないのですね。

ちなみに，私たちは1日に平均で60～180グラム程度の便を排泄します。
その80％ほどが水分です。そして水分以外の固形分のうち，消化されなかった食べ物の残りかす（食物繊維）が占める割合は，便全体の約7％にすぎず，残りは，大腸を進む過程で巻きこまれた腸内細菌とその死がいや，腸の表面からはがれた細胞なんです。

便って，食べ物の残りかすだけかと思っていたけど，大腸の細菌もたくさん含まれているのか。

さらに腸内細菌は，ビタミンなどの微量成分を吸収性の高い形に変えることもあります。また，摂取量をおさえたいプリン体などの食事成分を分解・吸着し，吸収をおさえることもあります。
小腸にも大腸の0.1％たらずですが細菌がいます。**腸全体にわたって，ほとんどの栄養素の消化と吸収に腸内細菌がかかわっているといえるでしょう。**

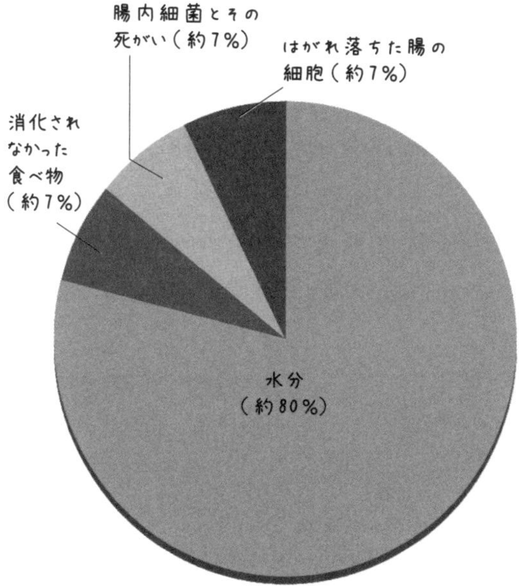

便の成分の内訳

腸内細菌は，過剰な免疫や肥満をおさえてくれる

実は最近になって，これまで知られていなかった腸内細菌の新しい役割が次々と明らかになってきました。

えっ，どんな役割ですか？

ウシ，ヒツジなどの草食動物は，生きていくために必要なエネルギーを，主に腸内細菌がつくってくれる**短鎖脂肪酸**という物質から得ています。

たんさしぼうさん？

短鎖脂肪酸とは，草食動物が食べる植物に含まれるセルロースなどの多糖（単糖がつながってできたもの）が，分解などを経て単糖より小さな物質になったものです。代表的な短鎖脂肪酸は**酢酸**，**酪酸**などです。

草食動物たちは，その短鎖脂肪酸を利用しているんですか？

はい。
草食動物は，多糖から短鎖脂肪酸をつくる仕事を，消化管に生息する腸内細菌にやってもらわなければ生きていけません。
実は先ほどもいったように，私たちの腸内細菌も，ヒトが消化できないセルロースなどの多糖（食物繊維）を分解して短鎖脂肪酸をつくっています。

ほほう，それが，私たちの重要なエネルギー源にもなっているわけですか？

いいえ，私たちはエネルギー源のほとんどを**グルコース**（ブドウ糖）にたよっているので，短鎖脂肪酸にさほどの重要さはありません。

なぁんだ……。

しかし，腸内細菌のつくる短鎖脂肪酸は，私たちを悩ませるさまざまな病気や体質に広くかかわっているようです。その一つが，**免疫反応**によって引きおこされる病気です。

免疫反応の病気？

免疫細胞のところでも説明したように，免疫反応とは病原体から体を守るシステムです。
しかし，私たちの体では，自分の体を傷つける誤った免疫反応がおこって，**大腸炎**などの炎症性の病気をもたらすことがありえます。

免疫が暴走することがあるんですね。

ええ。そんなとき，短鎖脂肪酸（酪酸）は，免疫反応をおさえる細胞をふやすよう作用することがあります。
つまり，大腸まで届いた食物繊維を腸内細菌が分解し，こうしてできた短鎖脂肪酸（酪酸）が，大腸の炎症をおさえることがあるというわけです。

ははあ，うまくできてますね。

炎症（潰瘍）ができた大腸（大腸炎）

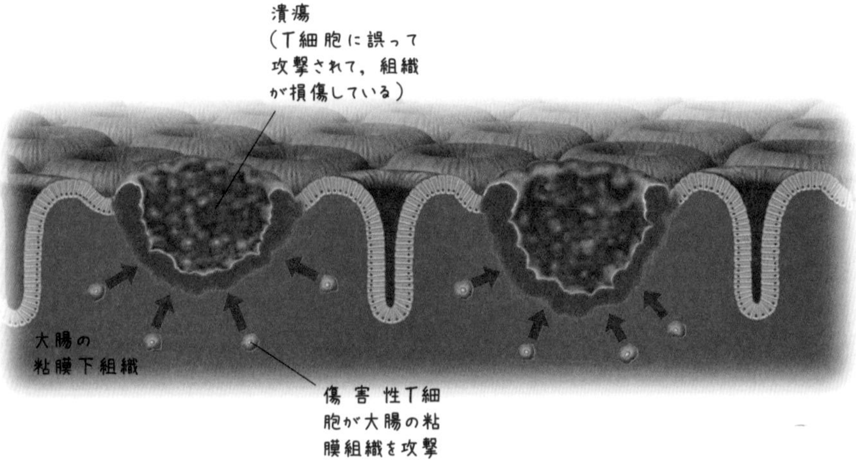

炎症（潰瘍）がおさえられている大腸

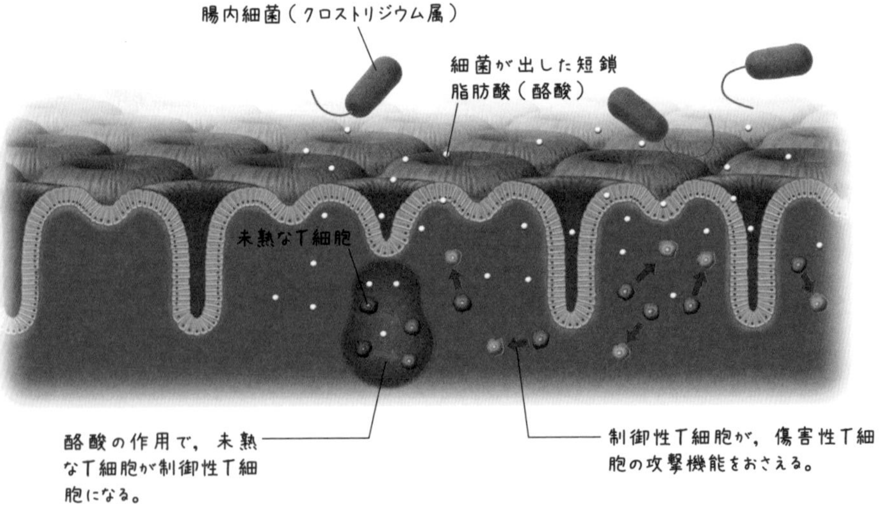

腸内細菌がつくる短鎖脂肪酸（酪酸）は，未熟なT細胞の遺伝子にはたらきかけ，誤った免疫反応や過剰な免疫反応をおさえるブレーキ役の「制御性T細胞」になるようしむける。

住み着いている細菌は人それぞれ

私たちの体の中にいる常在菌って，いつ，どうやって体の中に入ってきたんでしょう？
まさか，生まれたときからいたわけじゃないでしょう？

私たちが母親の子宮の中にいるときは，子宮の中は**無菌状態**なので，まだ常在菌はいません。
しかし，産道をくぐりぬけるときに，母親の常在菌をもらいうけ，生まれたあとは，周囲の環境からたくさんの細菌をもらうことになります。

どんな細菌が私たちの体に入り込むのでしょうか？

まず，生まれてから数時間後の腸内には，酸素があっても生きていける**大腸菌**などの細菌が生息します。
やがて，それらの細菌によって腸内の酸素が使われていくと，酸素があると生きていけないような，**ビフィズス菌**などの細菌がふえていきます。

ほほう。

とくに，母乳を飲んでいる期間は，腸内細菌の95％以上をビフィズス菌が占める傾向があります。これは，母乳の中にビフィズス菌をふやす物質が含まれているためだと考えられています。

やがて離乳期に入ると，ほかの細菌の割合がふえていき，ビフィズス菌は全体の20％程度に落ち着きます。

私たちのような大人になると，どう変わっていくんですか？

大人になっても，腸内細菌の集団に大きな変化はありません。
ただ，老年期に入るとビフィズス菌は減少し，反対に，それまで少数派だった**大腸菌**や**クロストリジウム属の細菌**が増加してくるといわれています。

世代によって，常在菌の勢力図が変わるんですね。
でも先生，まずお母さんからもらうってことは，同じ兄弟姉妹で，常時菌の種類は一緒になるってことですか？

私たちの常在菌は，私たちがふれたものや食べたもの，吸った空気など，周囲の環境に含まれていたものに由来します。ですから，私たちは，一人一人が独自の常在菌の集団をもっており，この世に一人として，自分と同じ常在菌の集団をもつ人物は存在しないといわれています。

へぇ，まるで指紋みたいですね。

そうですね。
また，常在菌は個人の体質や健康状態とも深く関係していることが明らかになりつつあります。
そのため，**病気の治療**や**体質の改善**に常在菌を使おうとする研究があります。

病気の治療に!? そんなことが，可能なんですか？

たとえば，腸内細菌の集団は，肥満などの体質とかかわっています。
肥満マウスの腸内細菌の集団を，そのまま無菌マウスに移植すると，移植されたマウスはそれまでと同じ食事をしていたにもかかわらず，肥満になったという実験結果が報告されているのです。

ふーむ，常在菌が体質に影響していそうなのですね。

ヒトの場合でも，肥満にかぎらず，糖尿病，腸の炎症性の病気，自閉症など，腸内細菌がかかわっていると考えられるさまざまな病気が見つかってきています。
そこで，健康な人の腸内細菌の集団を，そのような病気の患者に移して治療を試みる便微生物移植という新しい治療方法が，2014年から，日本をはじめ世界各地で試験的にはじめられているのです。

なんですって？

便微生物移殖です。
この方法では，健康な人のふん便を溶かしてろ過し，回収できた腸内細菌の液をチューブで患者の腸まで届けます。

げげぇ！ 人のふん便を，ですかぁ！

はじめて聞くと，ちょっとびっくりするかもしれませんね。大腸の場合は，口からではなくお尻から注入します。主な対象となっているのは，従来の治療方法であまり効果のあがらない，腸の炎症性の病気にかかっている患者です。
実際にこの治療を行ったところ，治癒率が上がるというデータが得られているようです。今後，さらなるデータの蓄積が必要となってくるでしょう。

な,なるほど。ある程度の効果が認められているんですね。

さらにうつ病などの精神症状の改善にも効果がある，という報告もあります。
私たちは，想像以上に，さまざまな面で常在菌の影響を受けているのかもしれませんね。

常在菌，って目には見えませんけど，あなどれない存在なんですね！

というわけで，4時間目では，ちょっと脱線して，私たちの体にすみつくよそものの細胞についてお話ししました。これで，細胞のお話はおしまいです。

先生，私たちの体をつくっている細胞について，たくさんのことを学ばせてもらいました。はじめて知ることばかりで，ものすごく興味深かったです。
どうもありがとうございました！

索引

さ

た

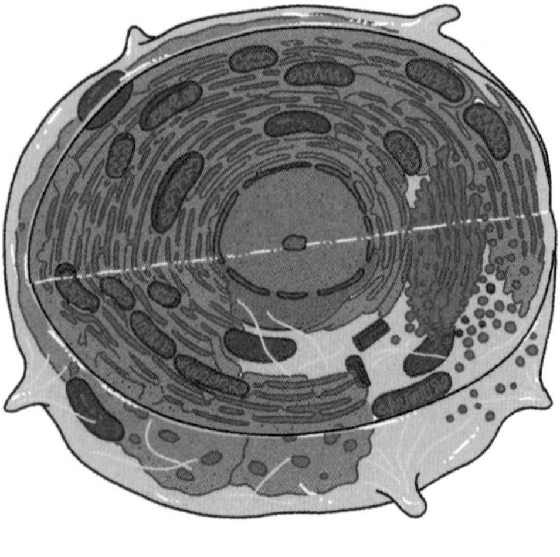

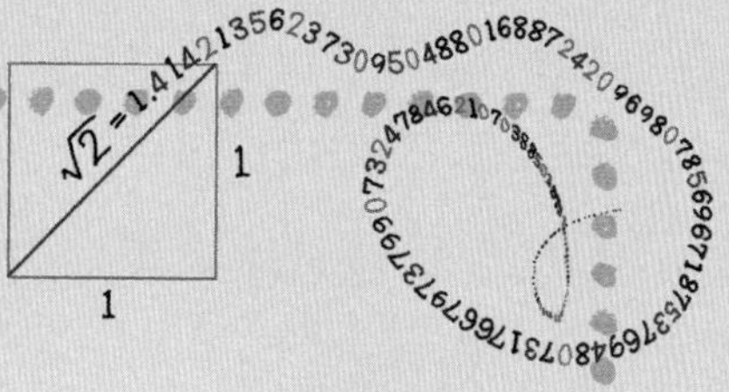

主な内容

中学・高校数学では何を学ぶのか

中学・高校の「数学」って何の役に立つの？

中・高数学に登場するいろいろな「数」

「数」を理解しよう
計算に役立つ「数」の仲間たち

数を入れて答えを予測「関数」

巨大な数はおまかせ！ 指数関数＆対数関数
高校数学の重要単元「三角関数」

ものごとの変化を予測「微分積分」

微分積分で何がわかる？
微分積分を使いこなそう

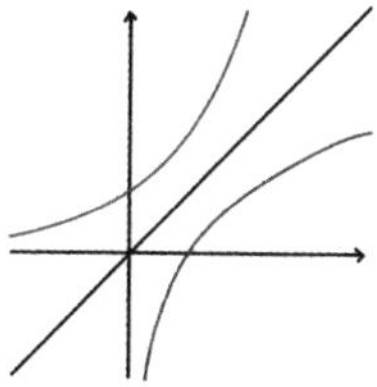

ものごとには法則がある「確率と統計」

物事のおこりやすさの数値「確率」
データを正しく読む「統計」

Staff

Editorial Management	中村真哉
Editorial Staff	井上達彦
Cover Design	田久保純子
Writer	小林直樹

Illustration

表紙カバー	松井久美
表紙	松井久美
先生と生徒	松井久美
4	羽田野乃花，松井久美
5~6	松井久美
7	羽田野乃花，松井久美
8~9	松井久美
10	Newton Press
11	松井久美
13	羽田野乃花
14~15	松井久美
17	羽田野乃花
19	松井久美
21	羽田野乃花
23~31	松井久美
32	羽田野乃花
34~38	Newton Press
40	Newton Press
41	松井久美
42	羽田野乃花
44~45	Newton Press
47~49	松井久美
50~72	Newton Press
76	松井久美，羽田野乃花
78	Newton Press
84~89	Newton Press
92~101	松井久美
103	羽田野乃花
105	松井久美
106	羽田野乃花
109~111	松井久美
113	Newton Press
116	松井久美
117	羽田野乃花
118~139	松井久美
141	佐藤蘭名
142	羽田野乃花
144~147	Newton Press
149	松井久美
150~153	羽田野乃花
154	Newton Press
156~158	羽田野乃花
160	Newton Press
161	羽田野乃花
163~165	佐藤蘭名
167	松井久美
168	佐藤蘭名
170~182	松井久美
184~185	荻野瑶海，Newton Press
188~189	Newton Press
190	松井久美
192~193	荻野瑶海，Newton Press
194	松井久美
196~197	Newton Press
199	松井久美
200~201	カサネ・治，Newton Press
206~207	松井久美
213	羽田野乃花
214	松井久美
219~221	羽田野乃花
223~224	松井久美
226	羽田野乃花
227~229	松井久美
230~233	羽田野乃花
235	羽田野乃花
238~239	松井久美
245	松井久美
247	佐藤蘭名
249	松井久美
250~281	Newton Press
282	羽田野乃花
284~292	Newton Press
297~299	松井久美
300	羽田野乃花
302~303	羽田野乃花

監修（敬称略）：
小林武彦（東京大学教授）

やさしくわかる！
文系のための 東大の先生が教える
すごい細胞

2023年8月10日発行

発行人　高森康雄
編集人　中村真哉
発行所　株式会社 ニュートンプレス　〒112-0012 東京都文京区大塚3-11-6
https://www.newtonpress.co.jp/

ISBN978-4-315-52719-3